人人可以玩的光绘摄影

王思博 著

机械工业出版社
CHINA MACHINE PRESS

光绘（Light Painting）也叫光绘摄影，是以光进行绘画为创作手段的摄影形式，任何光源都可作为成像效果的一部分。创作者利用相机或者手机的长曝光模式拍摄光源的移动轨迹，可充分发挥创造力在三维空间中用光画出任意图像。

光绘在国外已经有多年的历史，是极具个性化以及观赏性的摄影艺术形式。本书向读者介绍如何通过简单的设备进行光绘摄影创作，通过图文结合的形式让读者按图索骥，拍摄个性化的图片，燃爆生活和旅行，让朋友圈更加绚烂。

图书在版编目（CIP）数据

人人可以玩的光绘摄影 / 王思博著. — 北京：机械工业出版社，2019.10
ISBN 978-7-111-64497-2

Ⅰ. ①人… Ⅱ. ①王… Ⅲ. ①摄影光学 Ⅳ. ①TB811

中国版本图书馆CIP数据核字（2020）第007615号

机械工业出版社（北京市百万庄大街22号 邮政编码100037）
策划编辑：赵 屹 梁一鹏 责任编辑：赵 屹 梁一鹏 李书全
封面设计：吕凤英 责任校对：宋道兰
责任印制：李 昂
北京瑞禾彩色印刷有限公司印刷

2020年2月第1版第1次印刷
185mm × 240mm · 11.5印张 · 212千字
标准书号：ISBN 978-7-111-64497-2
定价：68.00元

电话服务
客服电话：010-88361066
010-88379833
010-68326294

网络服务
机 工 官 网：www. cmpbook. com
机 工 官 博：weibo. com/cmp1952
金 书 网：www. golden-book. com
机工教育服务网：www. cmpedu. com

自
preface
序

光绘蜘蛛侠引爆网络

2012年6月16日周六，我前往东京看望求学的堂妹王雪寒，在池袋附近，刚好看到《超凡蜘蛛侠》上映。这部电影与《蜘蛛侠》三部曲具有完全不同的剧情，吸引了我去观看。个人还是挺喜欢这部电影，特效让我看得热血沸腾。在回公寓的路上，一个念头让我思考许久：能不能用光绘来拍摄出一张光绘蜘蛛侠？如果可以，我需要用哪些光源来实现？用怎样的方法能够定位？一大串的问题都扑面而来，让我既兴奋又伤脑筋，不

晋中巨龙

中国　山西平遥 2016.9.19　努比亚 Z11　ISO100　光圈 F2.0　快门速度 115.1s

知不觉到了公寓，而拍摄光绘蜘蛛侠的念头也渐渐埋在心中。

2012 年 7 月，几次尝试失败后，我在唐吉诃德（日本的连锁便利店）找到了适合拍摄光绘蜘蛛侠身上纹路的光绘棒。这光绘棒并不是什么神奇的道具，只是小朋友可以拿来玩耍的玩具。它有独特的红蓝两色，可以渐变和常亮。由于 LED 灯排列空隙清晰，外层硬塑料带有条状纹路，而这些特征正属于我一直寻找的理想光源。

经过了一个月的筹备，我在 2012 年 8 月 24 日晚，带着准备好的道具，前往公寓附近的公园进行拍摄试验。记不得尝试了多少次，当我看到蜘蛛侠的身影渐渐呈现出来的时候，我真的兴奋不已。这种感觉很特别，你无法看到整个光绘创作过程。按下快门后，在

蜘蛛侠标志性动作 1

日本　神户 2012.8.24　尼康 D3000　ISO100　光圈 F16.0　快门 153.8s

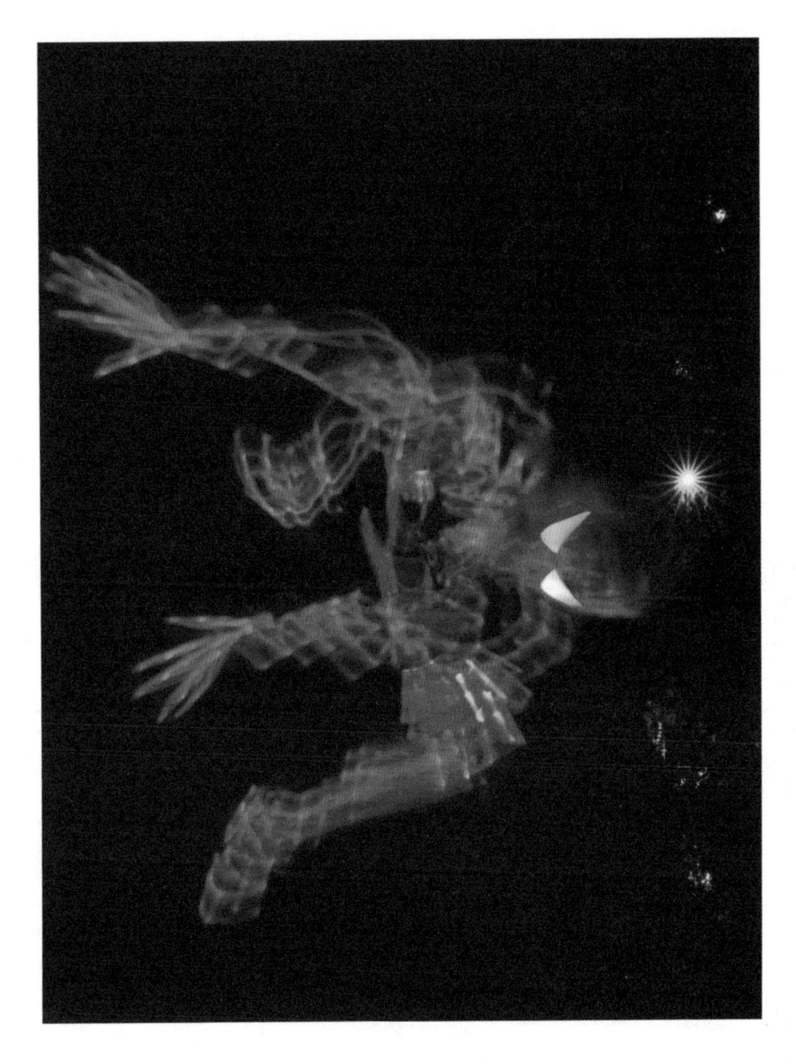

蜘蛛侠标志性动作 2

日本　神户 2012.8.24
尼康 D3000
ISO100
光圈 F16.0
快门 165.1s

镜头前用光绘画，光的轨迹被相机记录下来，直到关闭快门后才能看到最终的成片。创作过程非常刺激，这正是光绘带给我最大的乐趣之一。每一张作品都是独一无二，无法复制的。

拿着这组照片，我迫不及待地上传到自己互联网的作品展示空间，兴奋得难以入睡，就如同《神秘巨星》中的小女孩伊希娅，在 Youtube 上传了一条视频后，那种期待别人认可的心情，是一样一样的。我感觉会火，这种感觉很强烈，结果在上传一小时之后，我怀着无比期待的心情点开照片，当看到点赞数和阅读数都是 0 的时候，心里还有点小失落。当时光绘摄影在国内还并不普及，很多人都不太了解这种光绘创作的难度，往往会有网友用一句“这绝对是 PS 的”来形容一切他们觉得不可能拍摄出来的光绘效果。其实成功真没那么简单，有了失败才有成功的机会，我给自己打了打气后就入睡了。

胡同里的蜘蛛侠

中国　北京　2014.4.28　尼康 D3000　ISO100　光圈 F22.0　快门 224.4s

第二天的火爆场面是我怎么也无法想象的。

火爆的原因很简单，《超凡蜘蛛侠》中国上映时间是8月26日左右，刚好在这段时间我上传了光绘作品，随后吸引了多家报社媒体报道。当时记得很清楚，新京报记者申志民老师对我进行远程视频采访，我通过视频“隔空”为申老师展示光绘创作及拍摄讲解。

2014年，我突发奇想，又拍了一组漫威英雄游北京的光绘作品，算是给光绘蜘蛛侠拍了续集。

与光绘结缘

说起我跟光绘摄影的缘分，还得从我的橄榄球职业生涯说起。

2005 年，我成为中国农业大学人文与发展学院法学系的本科生。中国农业大学除了有动物科学、生物科学、农业园艺等众人皆知的明星专业外，还有国内的第一支橄榄球队——中国农业大学橄榄球队。入学后，我开始学习橄榄球，并在大一下半学期，经过层层选拔，幸运地入选中国国家队，身披国家队队服，开始了自己的橄榄球之路。2007 年，我在斯里兰卡参加亚洲杯预选赛的时候，被日本经纪人喜多看中后推荐给东京理光橄榄球俱乐部。经过近一年的沟通协商，我与东京理光橄榄球俱乐部正式签约，并于 2009 年 6 月以职业橄榄球运动员的身份登上了从北京飞往东京的航班，一句日语不会的我，就这样凭借英式橄榄球打开了前往日本的大门。第二年则加入了日本顶级橄榄球联赛传统豪门球队——神户制钢。

职业球员有系统的训练规划。比赛和训练过后，我喜欢在周边城市旅行。2010 年夏天，因为不想错过日本的美丽风景，我买来第一部入门级单反尼康 D3000，拍遍了日本。

一次在网上搜索拍摄夜景技巧的时候，发现德国光绘团队 LICHTFAKTOR 拍摄的光绘作品，一个个可爱的图形，在照片中显得格外特别。而我第一反应就是觉得这不可能，肯定是 PS 的！

然而当我继续搜索光绘想了解更多的时候，发现了 1945 年 *LIFE* 杂志上刊登过毕加索拍摄的光绘作品，他在 60 年前就已经开始创作光绘作品了，我顿时收回了之前说过的话，光绘艺术逐渐成为我的兴趣，当天晚上就买来了小手电，开始了创作。开始的时候，我发现光绘没有想象中那么简单，经过不断的尝试我才拍摄出了这些现在看起来很可笑的入门级光绘照片。

机器人

日本　东京 2010.8.11　尼康 D3000　ISO100　光圈 F22.0　快门速度 30s

配电箱里的怪兽

日本　东京 2010.8.11

尼康 D3000

ISO100

光圈 F22.0

快门速度 30s

光绘十二生肖

日本 神户 2013.1.25 尼康 D3000 光圈 F16.0 快门速度 102.4s

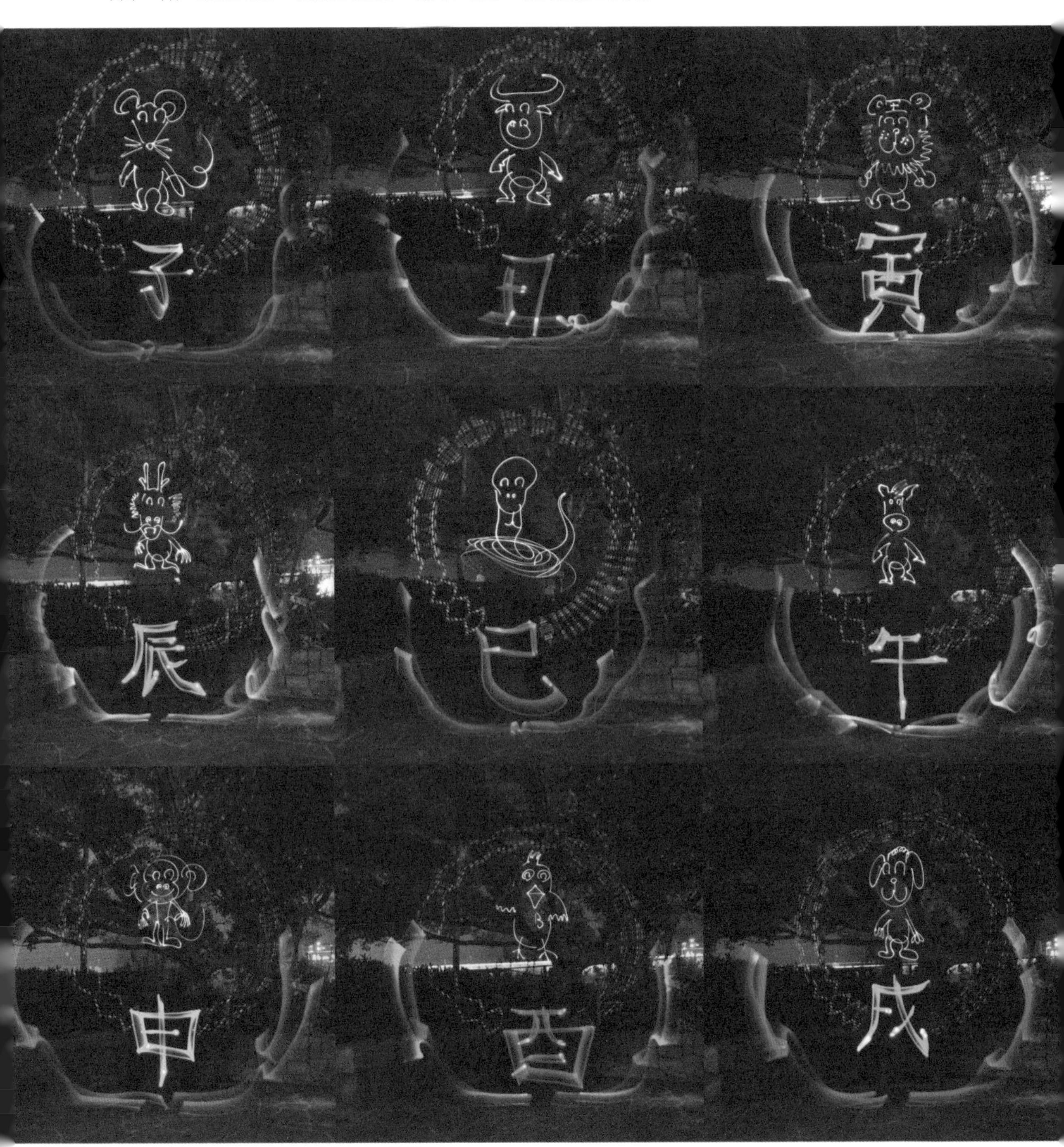

定位自己的风格

身在异国他乡的我，很难不去想念自己的祖国和家乡，因此我在创作中也更多地加入了中国元素，寻找不同的创作手法，形成独有的创作风格，2013年，光绘十二生肖系列作品开启了我的光绘中国风。

自2010年开始光绘创作，我经常在网上了解更多光绘的创作方式及手法，也认识了很多来自世界各地的光绘高手，他们都有自己的风格和绝活，如我的好友Darren Pearson，Frodo DKL，Medina，德国光绘团队LICHTFAKTOR的负责人Marcel和Dustin，Chokos，他们都有自己独特的创作手法。随着技术的不断提升，我也寻找到了自己的风格。在国外，光绘作品中很少具有中国特色的创作风格。经过两年的技术沉淀，我开始创作复杂的中国风光绘，一条穿越古廊的中国龙，一只飞舞在空中的中国凤凰，或是绽放在庭院前的缤纷花朵。2013年1月的一个晚上，经过5小时的拍摄，我完成了光绘十二生肖创作，每一个属相都用卡通形式绘制，结合汉字及四周花式点缀呈现出来，而这组作品被多家媒体报道，当时还被称为“充满喜感的十二生肖像”。我也尝试过通过写实的画法来呈现这些生肖像，但因为笔画复杂、位置失控等众多原因，我选择了比较保险的简笔画创作方法。这样可以更好地帮助我记住空间位置，而这样单点创作手法，正是光绘中最难的。

希望本书能够为你打开光绘的大门，让你从器材选择、光源选购、创意拍摄等多方面了解光绘这门光与影的艺术，我也会在书中详细教你如何拍摄、定位、记忆等多种方法来提高创作水平。衷心希望你能够在本书中找到更多的乐趣。

目
contents
录

状元坊光绘

中国　广东　东莞道滘镇 2017.5.29　尼康 D3000　ISO100　光圈 F7.1　快门速度 141.1s

炫酷的光绘

01 光绘早期起源

光绘（Light Painting），又称光涂鸦（Light Graffiti）、光绘画。1889 年，Etienne-Jules Marey 和 Georges Demeny 开启了一项生理学研究计划。他们为了研究人和马的动作，通过把白灯安装在人体躯干关节上，从而拍摄出了一张名为“Pathological Walk From in Front”（病理性行走）研究的照片，这张照片被誉为世界上第一张光绘照片。

随后有很多人都开始尝试光绘摄影。1935 年，美国摄影师 Man Ray 开始利用光绘技法进行艺术创作，并将专题作品命名为“Space Writing”，Man Ray 也被誉为第一位将光绘运用在艺术摄影领域的人。

1949 年，摄影师 Gjon Mili 专程来到法国南部毕加索（Pablo Picasso）的住处拜访这位绘画大师。Gjon Mili 是位热爱光绘艺术的摄影师，曾拍摄过一些光绘作品。他将自己的作品展示给毕加索之后，毕加索马上拿起家中的电灯泡，拍摄了著名的“Centaur”（希腊神话中半人半马怪兽）。随后光绘摄影在欧洲、美洲的影响力不断扩大，更多地被人们运用到各个领域，如广告、艺术创作、MTV 等。目前，光绘摄影在中国还处于发展阶段，相信不久以后通过我们的努力，光绘会在中国流行起来。

阿尔山火车站

中国　内蒙古　阿尔山 2016.12.05

佳能 EOS 5D Mark II

ISO100

光圈 F10.0

快门速度 47s

02 光绘的基本原理

光绘，是通过长时间曝光记录光轨的过程。创作时可通过三脚架固定相机位置，在镜头前使用不同形状、颜色的发光物体进行绘画；或固定发光物体位置，通过移动相机来进行创作，例如初学者在设置好参数后，可以通过拍摄路灯来实现光绘效果。万变不离其宗，光绘是用光源进行创作的摄影方式，而这种创作形式区别于传统摄影，我们需要更多地移动镜头前的发光体来进行创作，通常需要在光线比较暗的情况下进行创作，如夜晚、室内等。

如今可以拍摄光绘作品的摄影设备有很多选择，单反相机、微单相机、手机都可以进行光绘创作。数码产品的创新，让初学者更容易上手。还记得当年用过卡片机苦苦拍摄 8s 光绘，短时间内拍摄苦练手速的场景，甚至还拿着电脑摄像头研究如何拍摄光绘的有趣经历。正是这些经历让我们体会到科技带来的便捷性，例如一些手机产品在 2013 年就实现了光绘功能，轻松一键拍摄减少了各种烦琐的设置。即拍即得功能让我能够随时看到创作过程，不像过去那样，拍完才发现一开始就失败了。这些大大小小的科技突破，也在慢慢地改变光绘艺术，让一个原本门槛很高的艺术，向所有人敞开了大门。

先用手机认识光绘

接下来我会介绍如何用手机简单操作拍摄一些基础光绘，让大家对光绘有一个初步的了解，可以扫码观看拍摄视频。其实光绘没有想象的那么难，通过本书的教学，你会成为一个光绘高手。

拍摄光绘前我们需要准备一些道具，初期在大家都没有合适光源的情况下，可以用手机的背灯作为光源，所以我准备了两部手机，一部用于拍摄，另一部作为光源来画画。

扫码看视频

准备道具：
手机 2 部（拍摄、光源）
三脚架（无专业需求，可选择网上比较多的八爪鱼三脚架）
手机夹（用于把手机固定在三脚架上）

1. 架起三脚架，将手机固定在手机夹上。

2. 选择好机位，准备就绪。

3. 设置参数（关于参数设置会在后续的章节详细介绍）。

4. 用另外一部手机的背灯作为光源来拍摄光绘。

由于背灯不太方便快速开启和关闭，所以我们可以用手来挡住灯光实现断线效果。遮挡的时候尽量用手掌心直接挡住灯光，如果用手指遮挡的话会出现红色杂光，用手掌就会很好地遮挡光亮。

5. 利用手掌遮挡灯光实现断线。

6. 按下拍摄按键，就可以开始光绘了。首先我们以五角星为作画内容进行练习。

7. 此时可以一笔画出五角星。光绘和在纸上绘画有一些区别，要充分利用空间。

8. 由于光亮很强，建议大家距离拍摄器材 3m 以上。

9. 绘制完成后要用手快速按住背灯，以免光源影响整体效果。

光绘创作时，肉眼无法记录光轨划过的轨迹，这也正是光绘创作难点之一。本书中会教大家一些简单的方法，来协助光绘定位及空间记忆培养训练。相信通过这些方法，借助光线在眼前及脑海中的短暂记忆，可以协助你轻松摆脱创作困扰。

03 绘画大师用光创作

2010 年，我在网上无意中看到了 *LIFE* 杂志上毕加索的光绘作品，此后我便疯狂地爱上了光绘摄影。2013 年，我和毕加索在香港“偶遇”，完成了简短的拜师仪式后，我便“投奔”大师门下。可能大家会说：“这不合理啊，怎么可能在香港遇到毕加索？”事实上，当年我是在香港旅游的时候在杜莎夫人蜡像馆完成了拜师仪式，并在一次光绘活动中复制了“师父”的经典之作“半人半马怪兽”和“花朵”。

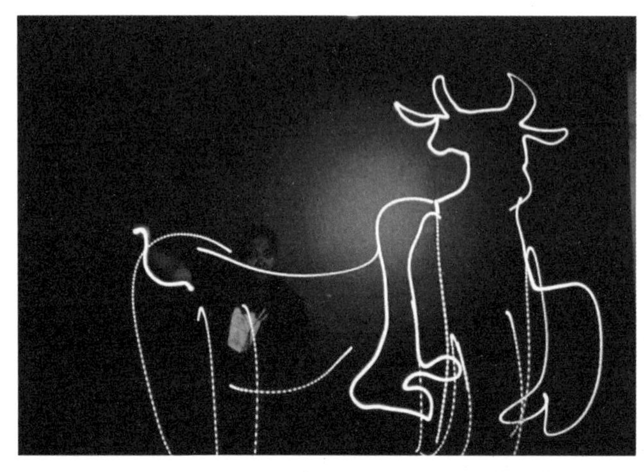

致敬毕加索之半人半马怪兽

中国　广东　深圳 2016.3.9
努比亚 Z11
ISO100
光圈 F2.0
快门速度 101s

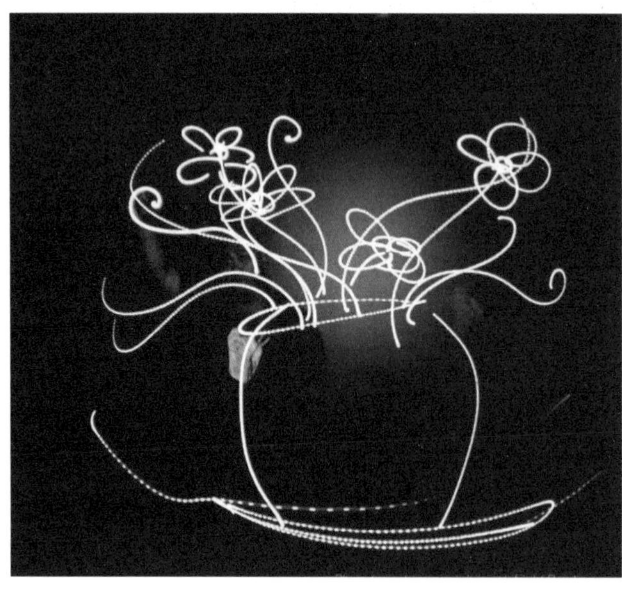

致敬毕加索之“花朵”

中国　广东　深圳 2016.3.9
努比亚 Z11
ISO100
光圈 F2.0
快门速度 143s

由于对毕加索单点光源创作的追随，我开始学习利用单点光源创作复杂光绘作品的方法，这种创作方式需要强大的空间记忆能力和位置感，并一遍又一遍不厌其烦地尝试拍摄。当时练习拍摄，拍不出效果绝对不结束。就是靠这股倔强，我练就出凭空绘画的本领。

正是这种单点光源画法影响了我的创作方向。中国风光绘创作，离不开凭空绘画能力。黑暗中凭空绘画这种“自虐”的方式，让我

对决

美国　洛杉矶 2016.11.11　索尼 A7s　ISO125　光圈 F8.0　快门速度 203s

最敬仰的是毕加索大师，另外一位就是美国光绘大师，我的好朋友 Darren Pearson。2016 年我们在洛杉矶的威尔逊山上曾经联合创作了这部作品《对决》，左侧是他擅长画的恐龙，右侧则是我擅长画的中国龙，整个创作只拍了两次，也就是说，我们第一次尝试性地拍摄后，这是第二张拍摄出来的效果。

因为光绘摄影我也结交到很多志同道合的好朋友。有位非常优秀的光绘摄影师 Alfredo Ivarez，通常我们都叫他 FrodoDKL，他在 2009 年建立了 CHILDREN OF DARKLIGHT 光绘团队，如今该团队在光绘摄影圈非常活跃，经常能在大型创作中看到他们团队的身影。我们也经常合作，在他们的创作中我学到了很多宝贵的光绘摄影技术和知识。

FrodoDKL 绘制了拿手的 UFO，我送上两棵仙人掌做配合

美国　内华达 2016.11.12　索尼 A7s　ISO100　光圈 F8.0　快门速度 153s

墨西哥歌舞者

美国　内华达 2016.11.12

索尼 A7s

ISO100

光圈 F8.0

快门速度 130s

FrodoDKL 最拿手的 UFO 给了我很多灵感，在内华达山谷我拍摄了这组外星人光绘。一个刚刚来到地球的外星人会做些什么？仰望星空，学习兔子行走，或者抓个地球人研究一下？

人类和外星人

美国　内华达 2016.11.14
索尼 A7s
ISO200
光圈 F8.0
快门速度 139s

孤独的外星人

美国　内华达 2016.11.14

索尼 A7s

ISO200

光圈 F8.0

快门速度 213s

兔子和外星人

美国　内华达 2016.11.14　索尼 A7s　ISO200　光圈 F8.0　快门速度 103s

回家

美国　内华达 2016.11.14　努比亚 Z11　ISO200　光圈 F2.0　快门速度 128s

美丽的夜晚

美国　内华达 2016.11.14
努比亚 Z11
ISO200
光圈 F2.0
快门速度 132s

04 光绘大家庭——世界光绘联盟

LPWA logo

2011 年，Light Painting World Alliance（简称 LPWA，世界光绘联盟）成立，协会主席、俄罗斯人 Sergey Churkin 面向全球喜爱光绘摄影的人组织建立了这个联盟。巧合的是他在网上看到了我的光绘作品，2012 年邀请我加入，而当时我也成了第一位加入联盟的中国人，并肩负起在中国推广光绘的工作。

2012 年，我还是一位在日本顶级橄榄球联赛神户制钢俱乐部效力的球员。规律的职业球员生活之外的时间，就是进行光绘研究，同年，在日本拍摄的作品有幸入选世界光绘联盟的孟买国际大展。当时还有个小插曲，我的个人网站注册地在日本，而 Sergey 当时与我未曾谋面，所以在展出大名单中我的国籍被写成了日本。在这次展览后我和他进一步沟通并加深了解，协商日后如何在中国进行相关的光绘推广计划，这对我的人生产生了很大的影响。

作为世界上最权威的光绘组织，世界光绘联盟吸引了很多知名人士的参与，这里有科学家、摄影师、艺术家、画家等。刚开始Sergey Churkin自己建设网站，他将所有光绘师召集在一起成为一个大家庭，让我们的光绘能量无限放大，很多人都感激Sergey，因为他才使得这些志同道合的朋友在一起有创作和交流的机会。Sergey是一位电视台工作者，制作视频能力非常强，有时我们的视频都是由他制作出来的。很难想象一开始很多光绘师都把光绘当成业余爱好，就如同我刚开始玩光绘的时候一样，也是纯属个人爱好，业余时间才会研究光绘创作，随着光绘在全球范围的发展，职业光绘师也脱颖而出。比如老牌德国光绘组合LICHTFAKTOR，上文提到的美国光绘

2016 年我的作品参展世界光绘联盟奥维耶多光绘展，现场我与世界光绘联盟主席 Sergey Churkin 合影

达人Darren Pearson，西班牙CHILDREN OF DARKLIGHT团队的FrodoDKL，他们都转型为职业光绘师，并且和很多知名品牌合作。如今很多品牌都在尝试在宣传中使用光绘艺术，而光绘也逐渐被大众所接受和喜爱。

LPWA（世界光绘联盟）是一个大平台，汇集了各国优秀的光绘师，同时每年都会举办大型创作及精彩的光绘作品展览，更多活动信息请浏览世界光绘联盟官网。

2014 年世界光绘展活动现场

2016 年 Oviedo 光绘展讲座现场

2017 年罗马聚会

2017 年罗马大型创作花絮

黑夜作画布，灯光当画笔

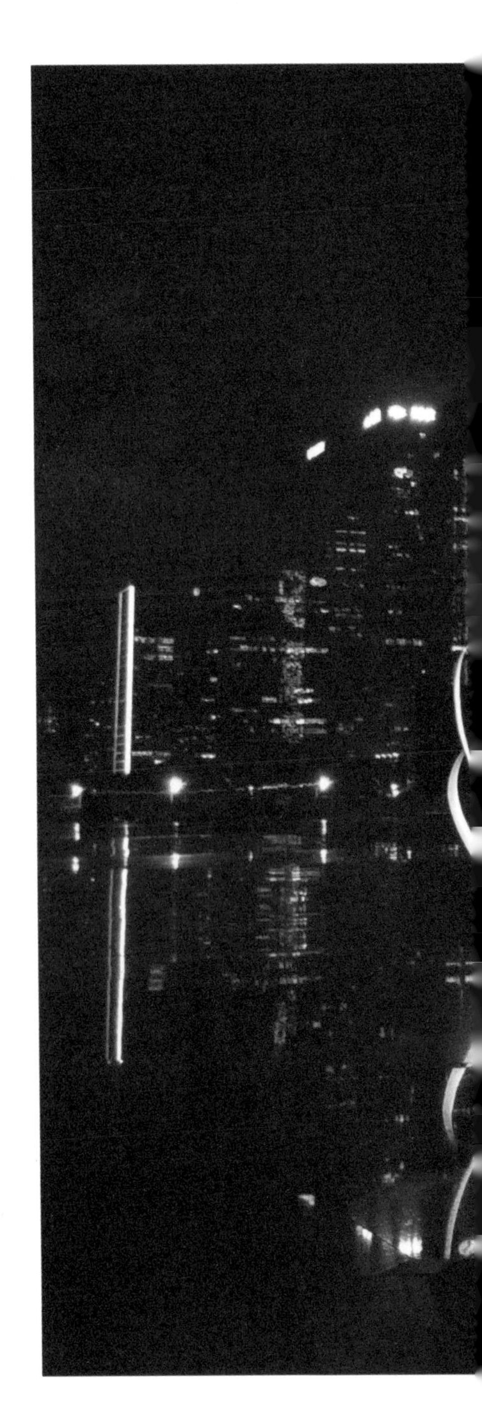

01 准备入坑

很多朋友问我拍摄光绘需要哪些器材，摄影器材用不用选择最贵的，有没有必要购买很多不同的灯光道具等问题。其实光绘最重要的不是拍摄器材有多好多贵，也不是光源有多少种，有多炫酷，而是需要创意，需要大脑里的奇思妙想。这才是光绘最重要、最有趣、最令人着迷地方。

光绘一直吸引我的地方，是其独一无二的作品呈现方式，无法复制的效果，它可以带你进入天马行空般的想象空间。当你拍摄光绘时，可以让你丢掉糟糕的心情，当你创作的时候充满惊喜，因为你无法预知下一秒会发生什么。有时甚至看到拍摄出的作品会被震撼到：“哇，怎么这么漂亮！太棒了！”当然有时它的最终呈现也并没有预期的那么好，这些结果会经常伴随着你的创作，这正是光绘最有趣的地方。它给你期望，也会给你失望；当你和它妥协的时候，并不会得到它的同情；如果你向它发起挑战，它也会渐渐地向你低头。你需要不断地挑战，去战胜它设计的种种困难，你的作品才会越来越好。

午夜之花

中国　广东　深圳 2017.5.29

努比亚 Z11 MiniS　ISO100　光圈 F7.1　快门速度 229.3s

午夜之花
创作视频

单反相机

单反相机具有出色的成像效果及专业的操作体验，是所有光绘师的必备器材。而我在刚开始玩摄影的时候，就觉得摄影器材并不是我拍出优秀作品的全部，所以我也想告诉大家，单反只要选择适合自己的就行了，只要有 M 档，可以调整光圈、快门速度、感光度就可以拍摄光绘。

个人比较热衷于尼康相机，当年选择了一款入门级单反相机尼康 D3000，几乎把日本拍了个遍，因为不是专业的摄影从业者，我也一直没有花心思在自己的摄影器材上，直到现在这台 D3000 有时候还可以拿出来拍拍光绘。

根据自己的需求购买单反相机，尼康、佳能、索尼、宾得等品牌，能叫得上名字的都可以选择。但记住一定要选择适合自己的，通过多方面考量来决定购买。

微单相机

轻便的机身，相比单反相机更便于携带，比如奥林巴斯相机具有即拍即得这样的功能，是我们光绘师的首选。2016 年，在西班牙奥维耶多创作巨幅光绘时，和西班牙著名光绘师 Frodo DKL 交流后发现，他们很多人都使用奥林巴斯 EM5 Mark II，这款相机的即拍即得功能很适合光绘创作，成像效果更好，可通过 WiFi 连接其他手机或者设备作为监视器，大大提高了拍摄时的便捷度。目前我还在使用这款相机。我更看中便捷性，对器材要求并不高。

手机

随着科技的发展，手机也可以拍摄光绘，这让光绘的门槛越来越低，有时候不需要了解太多光绘拍摄原理，一键就可以拍摄光绘。而最早实现光绘功能的，是努比亚智能手机 X6，随后所有该品牌系列产品中都有光绘功能，我从 2013 年开始和这家手机厂商合作，随后也有其他品牌跟随努比亚推出了慢门功能，如华为、三星、小米等。

用手机拍摄需要单独购买连接云台的手机架，这样更方便创作时固定手机。

罗马少女

意大利　罗马 2017.3.10　努比亚 Z11　ISO100　光圈 F2.0　快门速度 103.1s

内华达之夜

美国　内华达 2016.11.16

努比亚 Z11

ISO100

光圈 F2.0

快门速度 1620s

注：相机家族星轨模式拍摄，星轨加光绘创作，1620s 曝光时间。

手机使用第三方软件实现光绘拍摄

如果你的手机没有光绘功能的话，可以尝试下载第三方软件实现光绘效果，在这里推荐这款名为PABLO的光绘拍摄App，一键拍摄非常方便。如果需要更高的体验，可以搜索“Light Painting”“Slow Shutter”等关键词寻找可以手动设置参数的App，从而达到拍摄光绘的效果。

PABLO App

其他

光绘可玩性还是非常高的，你也可以用其他能拍摄的器材来拍摄光绘。我就使用过电脑连接摄像头，通过软件来实现长时间曝光；甚至在很久以前我还使用过卡片机拍摄光绘，当时卡片机的曝光时间只能8s，只能画简单的图形。如今我们可以用作拍摄的器材很多，大家可以轻松参与到光绘创作当中。

以上只是找了一些大家经常可以使用的光绘器材进行了简单介绍，大家也可以开发想象力，用各种道具来拍摄光绘。

02 “画笔”很好找

光源是光绘创作中的重要组成部分，没有它的加入，就无法实现千变万化的创作手法，但也不要因为光源而限制了你的想象力。光源就是这样神奇，当你可以驾驭它的时候，即使是一个普通的手电，它也会带给你一个繁华的世界。

我经常说光绘对摄影器材要求并不高，但说到光源，这可是一个不小的研究领域。学习初期可以找到简单的手电或者灯光来拍摄光绘。但随着技术的提高，需要更多通过DIY或购买专业光绘道具来实现不同的效果。我通常会把初级道具归为几大类，这几点大家可以了解一下，具体使用及拍摄方法，我会在后面结合实际拍摄教给大家。

LED 手电

LED 手电可以说是我打开光绘大门的钥匙。当年，我在网上看到毕加索的作品后，立刻到便利店买来一支钥匙扣型 LED 小手电，当天晚上就开启了我的光绘创作，而这支小手电也协助我完成了很多有趣的作品。随着技术和玩法的进步，我渐渐发现一个小手电已经无法满足我更多的创作需求。比如在创作初期，我喜欢光绘花朵，而这种花朵需要不同颜色的线条来实现花瓣、根茎及叶子的呈现，这就需要一些比较细而且能够更换不同颜色的光源，随后我想到在 LED 手电上通过遮盖不同颜色的塑料纸或色卡来实现更换颜色的需求，这样的方式简单好用，但缺点是不能随时更换颜色，需要提前准备好各种颜色的塑料纸。

章鱼帝

中国　北京 2014.2.9

尼康 D3000

ISO100

光圈 F4.0

快门速度 78.4s

长崎章鱼帝

日本　长崎 2013.1.2
尼康 D3000
ISO 100
光圈 F22.0
快门速度 62.5s

东京章鱼帝

日本　东京 2012.12.29
尼康 D3000
ISO 100
光圈 F20.0
快门速度 44.3s

章鱼宝宝

日本　神户 2011.6.15
尼康 D3000
ISO100
光圈 F20.0
快门速度 40.7s

LED 手电具有强光效果，在室外拍摄光绘时根据背景亮度来选择光源，比较亮的情况下建议使用 LED 手电作为光源效果更佳。如冷光线或光纤这类光源不建议在环境比较亮的情况下使用，此类光源效果容易被背景环境影响。

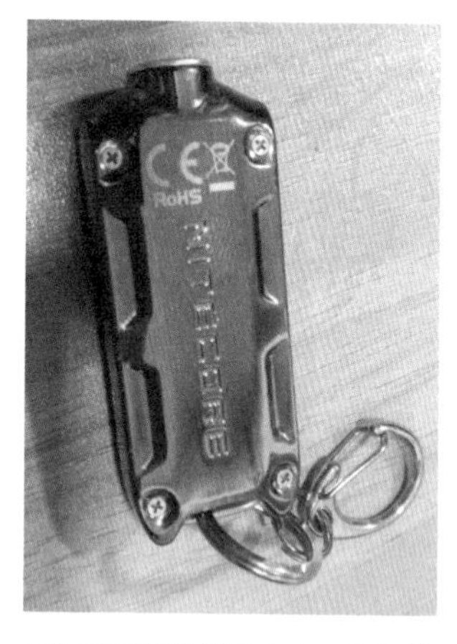

很容易买到的钥匙扣灯，纤细的灯头可以让我们在绘画中营造细致的笔触效果。

LED 手电相比钥匙扣灯来说，光源更亮且灯头直径更大，在拍摄时效果要比钥匙扣灯粗很多。

用不同颜色的塑料袋遮住灯头，这样可产生不同颜色的光源，DIY 也比较简单。

6000lm 以上的强光手电，奈特科尔 全能 TM28 是我最喜欢的一款补光道具，携带方便。

不同颜色的塑料水瓶通过黑胶带连接 LED 手电后，也是非常好的创作道具，其形状不同形成的笔触效果也不同，大家不妨尝试一下。

我的地盘

中国　内蒙古　乌海 2017.4.15
尼康 D810
ISO100
光圈 F20.0
快门速度 125.9s

大场景补光的情况下需要高流明强光手电。以这幅作品为例，站在沙发后，人的身体挡住了补光光源，而扩散的光效打在地上效果非常震撼，前方需要另外布置红色光源，拍摄时逐步为前景人物及局部沙发补光。

拇指灯

开始创作光绘之后，我便经常喜欢逛玩具店或在网上搜索儿童灯光玩具，于是发现了拇指灯这样的好产品，价格便宜、轻便又小巧，很适合初学者使用。我创作很多花朵的效果都是用这种光源来绘制的，而这种纤细的线条可以有很多艺术创作形式，也可以利用这些线条描绘出复杂的场景。

拇指灯有四种不同的颜色，最初我在研究光绘的时候经常使用。细小的笔触可以拍出手电筒无法实现的唯美效果，例如我经常创作的花朵、细小的星芒都可以用这种拇指灯完成。

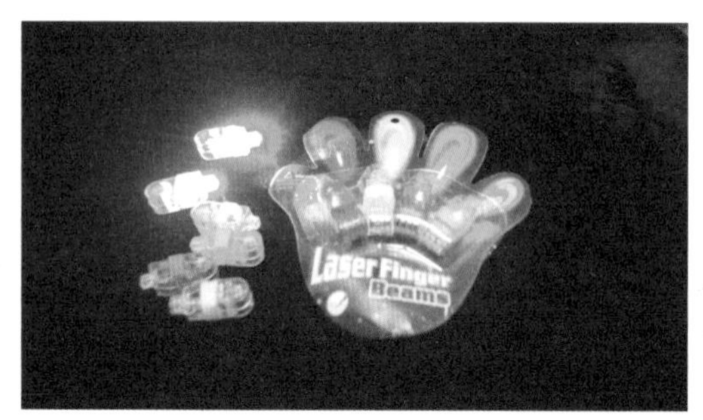

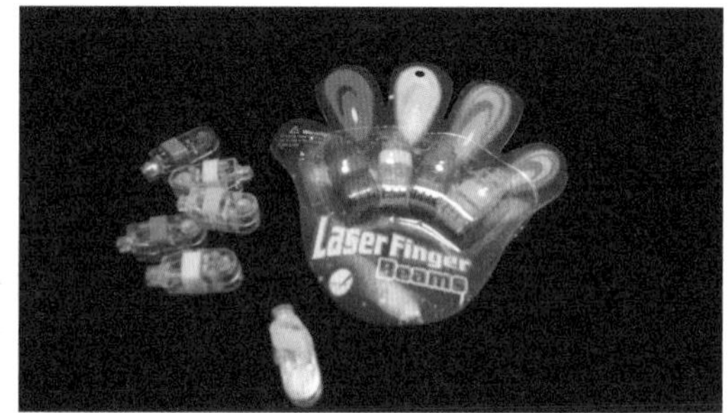

拇指灯

花朵 日本 神户 2013.5.2 尼康 D3000 ISO100 光圈 F22.0 快门速度 101.7s

光绘火柴人　中国　北京 2014.3.14　尼康 D3000　ISO100　光圈 F14.0　快门速度 92.3s

光绘半球体　日本　神户 2011.9.15　尼康 D3000　ISO100　光圈 F22.0　快门速度 68s

小怪兽

日本　东京 2010.8.19
尼康 D3000
ISO100
光圈 F22.0
快门速度 68s

思考的猫

日本　神奈川县 2012.10.8
尼康 D3000
ISO100
光圈 F14.0
快门速度 60.4s

拇指灯相对LED手电，光源线条更细，更适合绘画复杂的效果，而且由于光亮适中，在拍摄的时候正对镜头不容易过曝，适合初学者。

LED 光棒（演唱会用）

演唱会上经常使用的 LED 光棒也是我在便利店找到的，可以自由调节变换十多种颜色。当我拿到这种 LED 光棒时如获至宝，这样长度的光源刚好可以解决我创作中遇到单一线条的尴尬问题。正是有了这样的光源，我开始创作更多的复杂作品。比如你想写字不单调，可以在每个字绘画前改变颜色，通过简单的按钮就可以自由变换，大大节省了以前换道具的时间。如果想在创作中加入些断断续续充满科技感的效果，这种光棒的闪烁功能也会给你一些惊喜。

梦幻世界

日本　神户 2012.8.19　尼康 D3000　ISO100　光圈 F20.0　快门速度 176.9s

飞往远方的信件

日本　东京 2012.11.26　尼康 D3000　ISO100　光圈 F22.0　快门速度 66.3s

魔法时刻

日本　神户 2012.12.18　尼康 D3000　ISO100　光圈 F20.0　快门速度 52.2s

彩虹树

日本　神户 2012.8.13

尼康 D3000

ISO100 光圈

F16.0

快门速度 123.9s

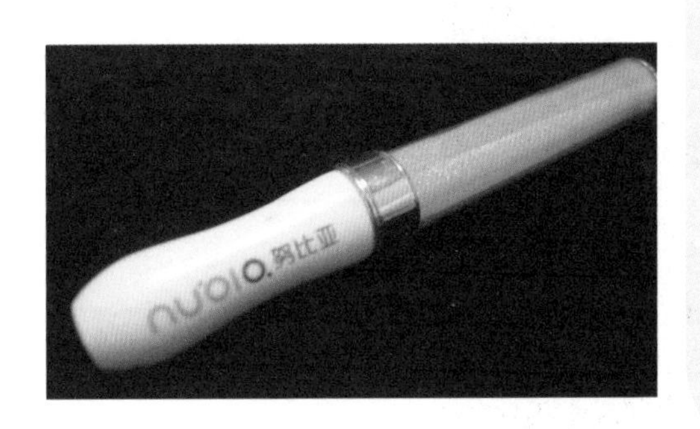

LED 光棒解决了初学者对光源颜色的选择问题，突破简单的红蓝白绿色，可以随意调整颜色的同时，还可以以渐变色进行绘画，丰富了大家的创作手段。而有一些 LED 光棒唯一的短板是无法即时关闭开关，一般都有一秒的延时，不像拇指灯那样可随意开关。

LED 炫彩光源

LED 炫彩光源是我对所有炫酷光源的统称。这些道具可以让光绘者快速绘画出炫酷的作品，降低了创作的门槛，但如果你想在光绘创作中达到更高的艺术造诣，这种光源只能作为辅助，而不是创作的全部。比如在 2013 年有一款光绘神器席卷世界，它就是 Pixelstick，一个神奇的大光棒，组装后高 190cm，拿起来挥舞简直非常帅气，它由 198 个 LED 灯组成，并可以由 SD 卡输出图像，但问题是需要后期编辑成 BMP 格式才可以正常播放。正是这样一个工具购买的费用近 3500 元，对于一个普通的光绘爱好者，这样的投入成本还是很高的。我拿到这款光绘棒时发现，效果虽好，但它很有可能会限制我的想象力，我更多时候是把这款大光棒作为辅助，拍摄大场景的时候才会拿出来，由于不好携带，且后期需要花费太多时间在编辑图片上，这种创作方式不太适合我的光绘风格，所以这款工具在我的创作中使用率渐渐降低。

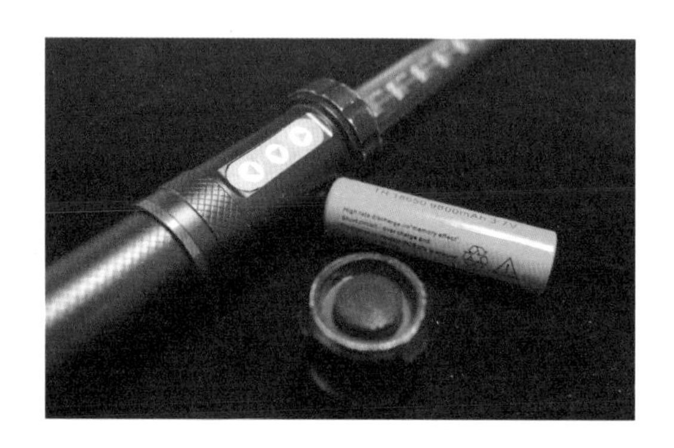

LED 炫彩光源创作特点

炫彩光源非常炫酷，同时降低了光绘的门槛，一刷就可以拍摄出漂亮的照片。但光绘最重要的部分还是创意方面，如何更好地实现最佳效果，还得先从掌握手中的光源开始。

奔驰

中国　江苏　南京 2016.8.5
佳能 EOS 6
ISO160
光圈 F8.0
快门速度 5.2s Pixel

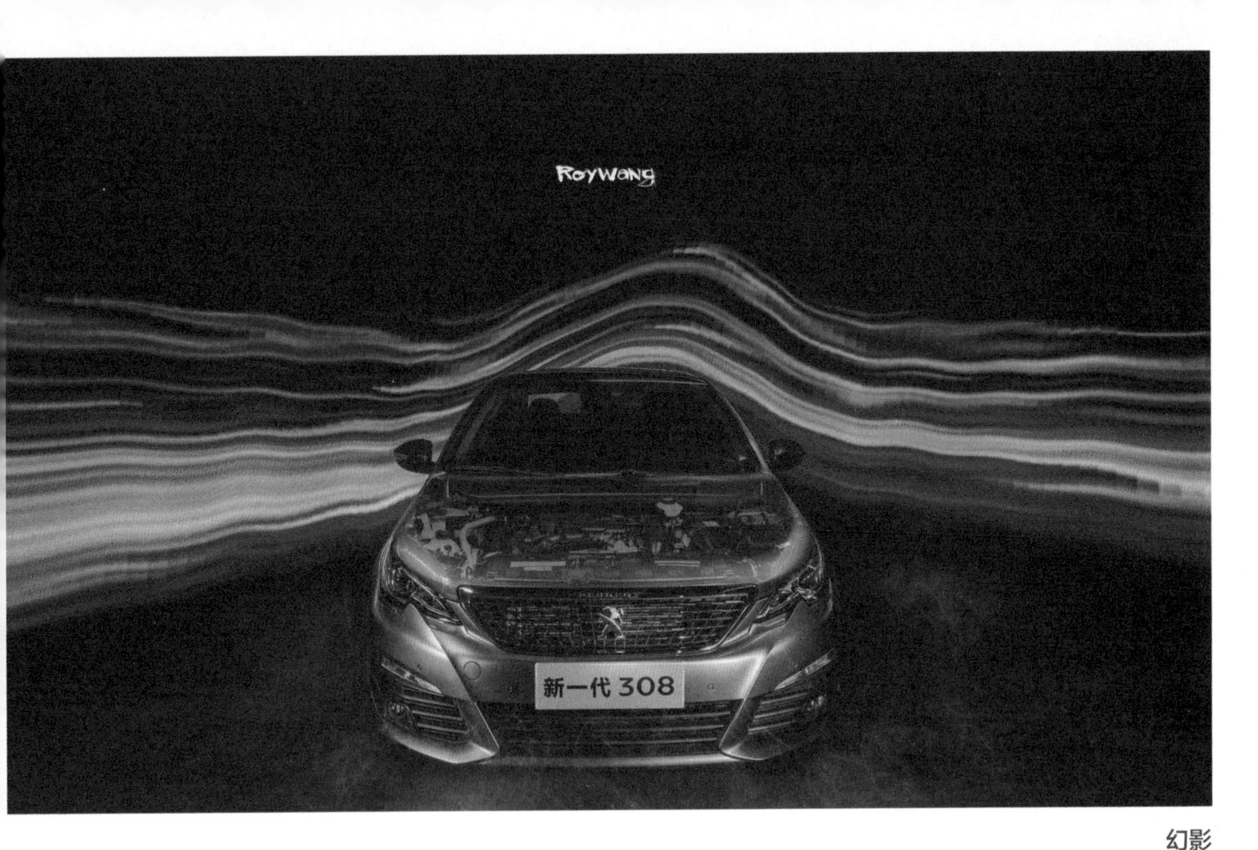

幻影

中国　北京 2016.6.14　佳能 EOS 5DS　ISO200　光圈 F8.0　快门速度 133s　Pixel

流线

中国　北京 2016.6.14　佳能 EOS 5DS　ISO200　光圈 F8.0　快门速度 45s Pixel

国子监胡同

中国　北京 2017.1.6
尼康 D3000
ISO100
光圈 F14.0
快门速度 43.2s Pixel

Wiikk 光绘神器

Pixelstick 的不方便携带加后期修图的复杂，让我这个不擅长 PS 的光绘师很头疼，为什么我们不能创造出一个比较方便携带而且不限制照片格式的光棒呢？我找到了一家自行车 LED 轮圈厂商，和老板沟通。他们惊讶地发现用自己的产品竟然可以画出那么多有趣的图形，而我也同样感谢马可老板根据我提出的几点创意制作出了一款非常便于携带的光绘神器——Wiikk 光棒。这款光棒相对 Pixelstick 简直方便太多，60cm 长的光棒竟然排列了 144 颗高清 LED 灯，LED 灯之间缝隙极小，这样可以清晰地输出图像。而通过 WiFi 连接手机直接快速传图，也大大降低了创作前的准备工作，在 2016 年江西龙虎山国际光绘展时，这款光棒也是受到了众多光绘师的好评，被大家称为光绘神器，不到 700 元的价格只是 Pixelstick 的五分之一。

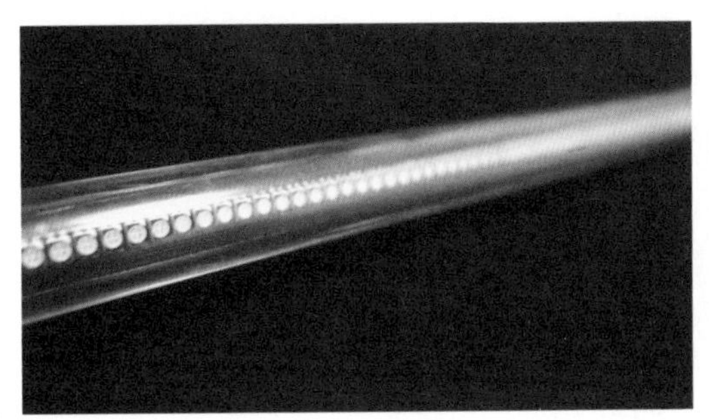
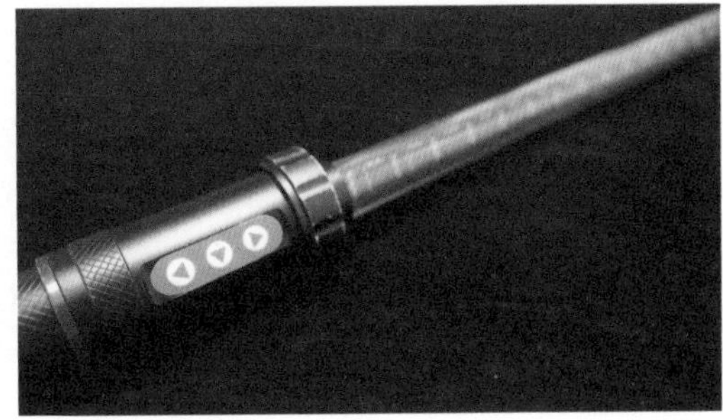

Wiikk 光棒

摩拜

中国　北京 2017.1.6
尼康 D3000
ISO100
光圈 F14.0
快门速度 51.3s Wiikk

烟花

节日里各种飞上天的烟花，也是天然好用的大光源。可以预估一下烟花飞上天到绽放的一个时间点，使用 B 门捕捉下来。你也可以像我一样，在内蒙古赤峰的一次活动中，专门使用烟花拍摄这些光绘作品。

玉龙沙湖夜

中国　内蒙古　赤峰玉龙沙湖 2017.7.16　奥林巴斯 EM5 Mark II　ISO100　光圈 F4.0　快门速度 40s

烟花类光源创作特点

烟花可以创作出很唯美梦幻的光绘作品，但在使用烟花、钢丝棉、仙女棒创作的时候，烟花都可能会有一定危险性存在，建议最好有两人以上陪同，尽量避免在易燃易爆地点创作，在保证人身安全的情况下，实现最佳创作效果。

钢丝棉

2012 年，使用钢丝棉拍摄光绘的创作手法从国外传到了国内，堪称炫酷到极致的拍摄效果席卷了整个摄影圈，也让更多的朋友们对光绘有所了解。这样的方式虽说好看，但是有一定的危险性，所以不建议大家经常尝试。仙女棒冷烟花不像钢丝棉那样充满野性，相对温柔细腻，可以用这样的光效写出一些动人的话语，也可以约上几个朋友去海边玩玩光绘，也是很有趣的。我会在后面针对性地教大家几个小方法，轻松掌握钢丝棉及仙女棒的使用方式。

阿尔山梦幻之旅

中国　内蒙古　阿尔山 2016.12.5　佳能 EOS 5D Mark II　ISO100　光圈 F10.0　快门速度 70s

仙女棒

仙女棒是一种非常好用的冷烟花光源，你可以利用它绘制出很酷的效果，经常看到很多朋友会在海边甚至校园里使用仙女棒拍摄作品。因为点燃后四处飞溅的火星被相机记录下来，用它写字是个不错的选择，关于写字我会在后面专门教大家一些实用的技巧。仙女棒的缺点是点燃后无法关闭，它需要创作中不间断地进行绘画，充分燃尽后才可以停止，而这正是初学者不好控制的。

爱

日本　神户 2011.5. 2
尼康 D3000
ISO100
光圈 F4.5
快门速度 4s

扫码看视频

光纤

光纤更适合作为辅助光源点缀整体作品，利用拇指灯绘制龙凤造型，最后利用光纤来辅助配合渲染背景，此类光效类似于冷光线效果，但两者之间在效果上有区别。

中国凤

中国　北京 2017.11.19
奥林巴斯 EM5 Mark II
ISO100
光圈 F4.5
快门速度 202s

中国龙

中国　北京 2017.11.19
奥林巴斯 EM5 Mark II
ISO100
光圈 F4.5
快门速度 202s

燃烧的酒瓶

中国　北京 2017.11.19　奥林巴斯 EM5 Mark II　ISO100　光圈 F4.5　快门速度 205.5s

光纤通过连接 LED 彩色灯来实现不同颜色，光纤种类繁多，黑导光丝顶端导光，白导光丝通体透光，可导不同颜色的光，都可以在网上采购。

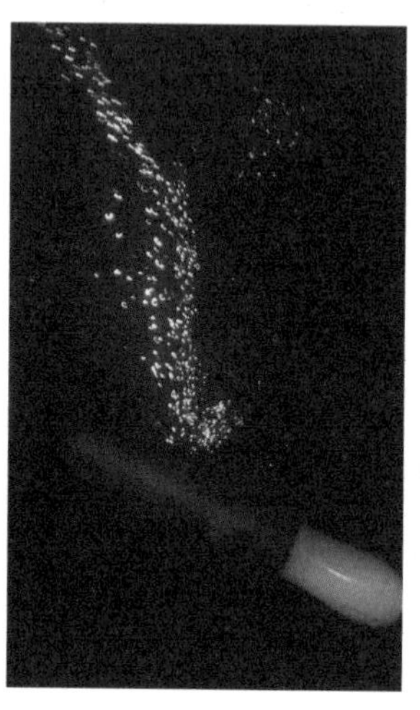

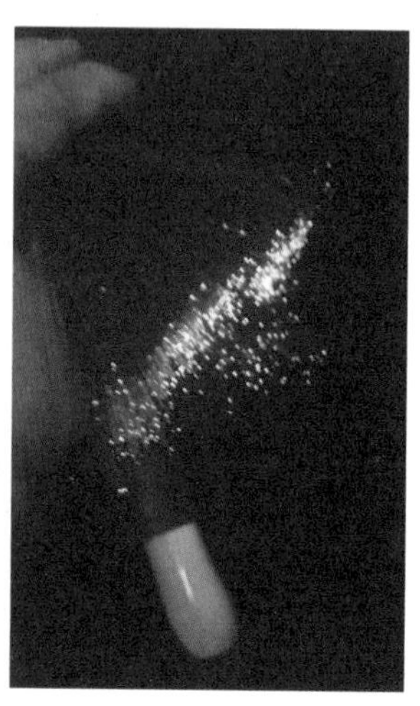

光纤光源创作特点

纤细的光源效果更适合渲染背景辅助使用，由于光源亮度比较微弱，不建议作为主光源进行创作。但创作习惯因人而异，只要使用得心应手，如何使用你说得算。

冷光线

冷光线具有柔软的光线效果，往往可以让你的作品显得很有意境。冷光线的效果，似乎有色彩的烟雾在黑夜中弥漫。这样的光源更像是一条光带，它可以游走在黑暗中，经过的地方会留下烟雾般的神秘气息。

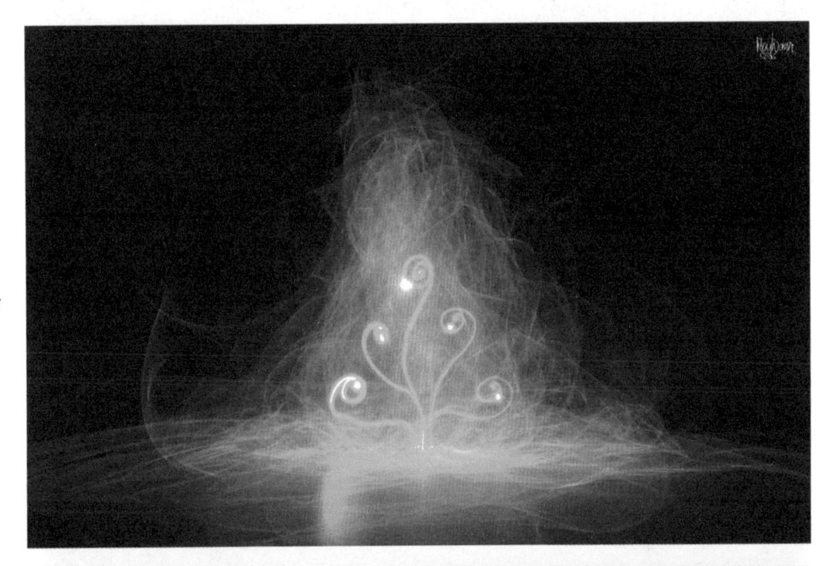

蓝色冷光线带来冰冷的效果

中国　北京 2014.1.8
尼康 D3000
ISO100
光圈 F22.0
快门速度 143s

秘境之花

中国　北京 2014.1.8
尼康 D3000
ISO100
光圈 F22.0
快门速度 152.7s

毛线球

中国　北京 2014.2.9
尼康 D3000
ISO100
光圈 F5.0
快门速度 136.8s

朦胧

中国　北京 2014.2.9
尼康 D3000
ISO100
光圈 F4.0
快门速度 56.1s

冷光线光源创作特点

在我第一次使用冷光线创作的时候，被它细细的像烟雾般的效果所吸引，这是一般的光源很难实现的效果，它不适合作为主光源来创作，但如果作为辅助点缀，营造气氛，是不错的选择。

黑卡纸

黑卡纸本身并不是光源，但你可以通过动手改造，结合光棒创造出很有趣的效果。这样的妙用，可以避开更多绘画上的困难，而且效果相比 LED 光棒输出更加细腻多彩，但这需要一定的手工操作能力。

精灵部分通过黑卡纸掏空出形状后，利用 LED 光棒扫过精灵图形，其余部分光亮被黑卡纸挡住。利用冷光线的线条营造背景，通过掏空黑卡纸形成精灵的图像。

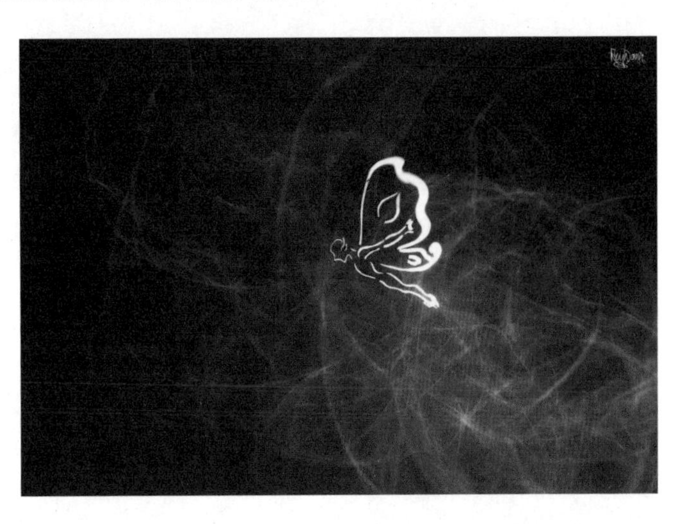

飞舞的精灵

中国　北京 2014.1.20
尼康 D3000
ISO100
光圈 F11.0
快门速度 73s

胸前的蜘蛛及眼睛都是利用黑卡纸完成的，镂空部分利用 LED 光棒扫过，其余部分的光亮被黑卡纸遮挡。

蜘蛛侠自拍

中国　北京 2014.4.28
尼康 D3000
ISO100
光圈 F14.0
快门速度 147.8s

思考人生

中国　北京 2014.4.28
尼康 D3000
ISO100
光圈 F14.0
快门速度 208.1s

利用黑卡纸掏空的蝴蝶和叶子

中国　北京 2012.10.4
尼康 D3000
ISO100
光圈 F16.0
快门速度 263.4s

黑卡纸创作特点

在 LED 编程光棒出现前，我们会用黑卡纸刻出一些图形，通过光扫的方式，让镂空部分充满光效。这类创作解决了无法找准位置凭空作画的难题。但需要花费很大精力及具有较强的动手能力。

激光

激光的效果很适合在大场景中使用，可以用它描绘背景的主体，也可以用它扫描任意物体营造出诗情画意的效果。但激光功率越大也越危险，在使用上千万要小心，不要长时间照射人眼或皮肤，有些大功率激光笔会造成人身的伤害。虽然不太建议大家使用这种光源，但可以展示一下它的效果。

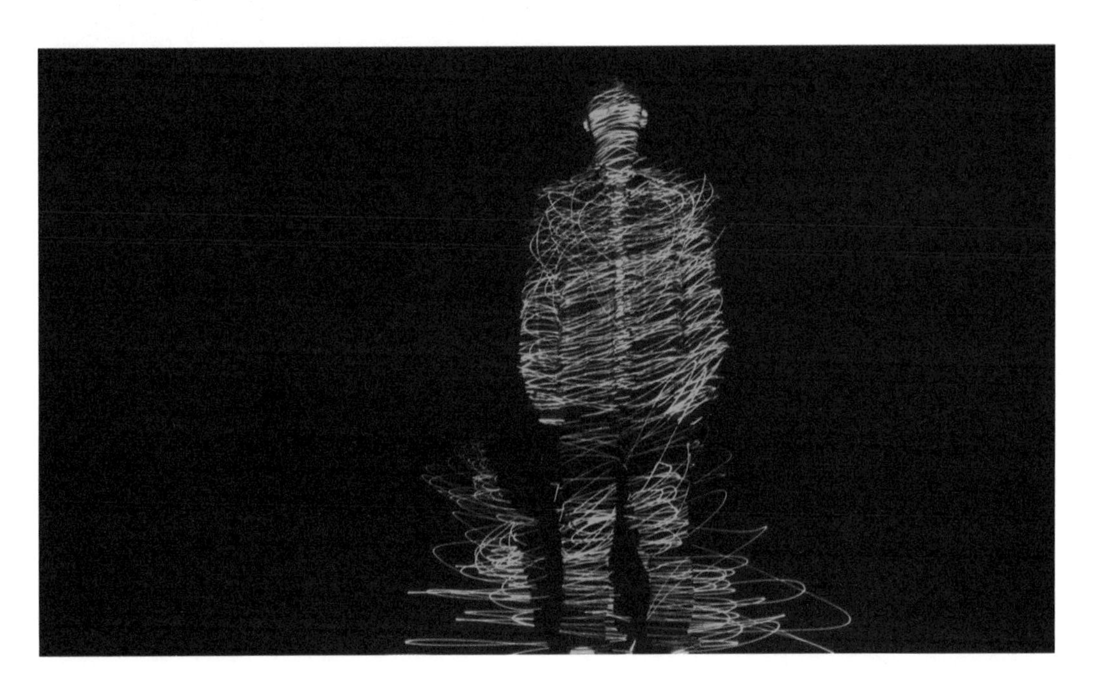

激光配合人像和景物营造艺术线条感

中国　北京 2014.3.29

尼康 D3000

ISO100

光圈 F11.0

快门速度 33.2s

激光光源创作特点

首先无论多大功率的激光对人眼及身体都有危害，使用上也请注意不要直射人眼或皮肤。创作可采用扫描的方式，对着物体拍摄，效果具有艺术感。

03 辅助道具

有了拍摄器材、画笔，你还需要一些辅助道具，它们可以让你变得更专业，提高创作时的成功率，也可协助你拍摄出更优秀的作品。

三脚架

根据你的创作需求，有时候一支三脚架还是比较重要的。最初我在创作的时候，只是找一些固定的位置放相机，如垃圾桶上面、石墩子、树墩子之类的地方，随着自己拍摄需求增加，构图位置的确认，这些地方无法满足我对拍摄的机位需求，于是我选择了一支三脚架。为了更好更快速地提高光绘技巧及拍摄技术，建议初学者配上一支三脚架。

三脚架

深色服装

很多光绘爱好者经常在微博上问我关于拍摄光绘时出现光绘者人影的问题，这通常有几点可能：第一，可能光绘者站在原地太久，用手电直射面部或身体后导致人影出现，很多情况下也因为光绘者穿着浅色服装或鞋子导致，第二，光圈过大导致进光量的增大，如果这时曝光时间过长会导致人影的出现；第三，对现场光亮曝光预估不足使作品过曝。后两点对于初学者来说有点难，如果想快速提高的话，一身深色的服装装备是不错的选择。只要记住尽可能避免长时间站立在原地或使用手电直射身体的情况下，穿深色衣服鞋帽的话，可以大大降低人影的出现概率。

帽子手套

如果你是追求极致的人，也可以配上一副黑色手套，这样手也不会被记录到你的光绘作品中。当然有些光绘作品还是很喜欢用 LED 灯光照射手来作为光源创作，这根据你的需求来决定，对于我来说冬天光绘时也很少戴手套。可以选择一顶黑色的帽子。

光绘箱

对于光绘师来说，道具太多且复杂，当你的道具达到一定量级的时候，需要光绘工具箱来收纳道具，可以是手提或者拉杆箱形式的。我比较喜欢手提的，而这款手提光绘箱陪着我近两年之久，但最终我还是放弃了这个箱子。

放弃它有两个原因。第一是道具越来越多，它体积太小；第二是我每次提着它过海关的时候百分百会被叫住接受安全检查。更离谱的是曾经在美国拉斯维加斯进行深夜创作的时候警察怀疑我箱子中持有可疑物品，因为冷光线不同颜色的线有序地缠绕在箱子中，不时还闪烁着红色的应急灯。

还记得这张照片拍摄时的搞笑场景。我沿着Strip大街寻觅适合光绘的地方，但拉斯维加斯城市灯光都超亮，很难找到合适的地方创作。我在路边发现了一个公寓，四周还挺黑，就拎着箱子开始拍光绘。也不知道什么时候身后传来警笛声，警察看到我随身携带的箱子里面线很多很像危险品就叫住我谈话，直到他们看到手机里的照片才发现原来我是一名光绘摄影师。这个场景让警察们有些尴尬，其中一位白人警察希望我能用光为他拍摄一张光绘肖像，而且还希望用他的警车作为装饰，于是我答应他并拍摄了这张照片送给他。

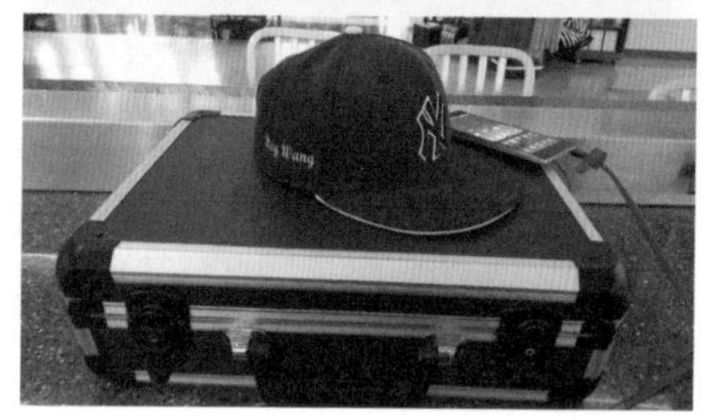

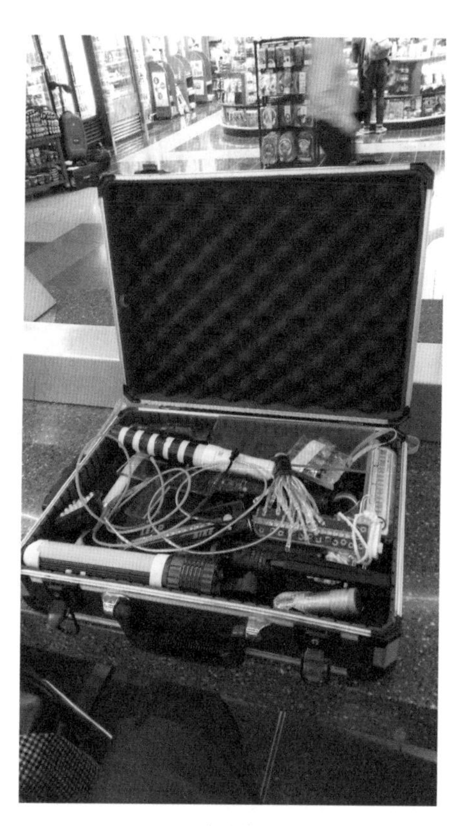

光绘箱

吓坏 Roy 的美国警察

美国　拉斯维加斯 2016.1.4　努比亚 Z9　ISO100　光圈 F2.0　快门速度 84.6s

仙人掌

美国　拉斯维加斯 2016.1.4　努比亚 Z9　ISO100　光圈 F2.0　快门速度 84.6s

拉斯维加斯之夜

美国　拉斯维加斯 2016.1.4　努比亚 Z9　ISO100　光圈 F2.0　快门速度 84.6s

拉斯维加斯街景

美国　拉斯维加斯 2016.1.4　努比亚 Z9　ISO100　光圈 F2.0　快门速度 84.6s

扫码看视频

总而言之，辅助道具可以协助你更顺利地完成作品，也会减少一些不必要的小瑕疵。根据自己的需求选择辅助道具，一支三脚架应该尽早入手，这样会给你带来更好的构图和机位。

光绘创作手法

前两章对光绘摄影进行了初步的介绍，其中包括拍摄器材、拍摄辅助道具及光源的相关内容。在本章我会详细地向大家介绍如何拍摄出一张满意的光绘作品，让你的朋友圈充满炫酷创意。

01 拍张光绘晒朋友圈

了解参数设置

首先，在我们拍摄之前，需要对拍摄器材进行参数设置。只有在合理的参数设置区间，设备才可以拍摄出光绘效果。在此我们使用单反相机来进行参数设置讲解。

首先大家要了解通过几项参数设置的调整，可以实现长时间曝光的功能。光绘也正是通过长时间曝光功能记录镜头前的轨迹变化。

ISO 感光度。通常我们会将感光度设置在 100 或 200 这样可以降低噪点的形成，使得画质更加干净细腻。如果光绘时需要背景，我们可以在锁定 ISO 的情况下通过调节快门速度和调整光圈来解决曝光问题。

光圈。光圈和快门速度之间的配合是光绘中常见的调试手法，我会在本章第二节中着重讲解通过光圈和快门的搭配拍摄出的效果有怎样的不同，从而让大家在光圈与快门的配合中学习准确曝光的方法。在保证感光度和快门速度不变的情况下我们根据情况调节光圈，不同光圈参数的样张见下图。

中国　北京 2018.6.10　奥林巴斯 EM5 Mark II　ISO 100　光圈 F2.8　快门速度 30s

中国　北京 2018.6.10　奥林巴斯 EM5 Mark II　ISO 100　光圈 F10.0　快门速度 30s

我们看到两张照片的对比。拍摄前我们需要对场地进行简单的曝光测试，设置30s的曝光时间，外界同样的光亮情况，在保持曝光时间相同的情况下，可以通过调节光圈来控制进光量。

快门速度。这个选项同样很关键，越长的曝光时间，能够给光绘者更多的创作时长，弊端是如果在室外灯光环境比较复杂的情况下，很容易出现过曝现象。在固定光圈数值的情况下，更长的曝光时间可以保证充足的进光亮。初学者可先从 15~30s 左右练习，熟练后根据情况选择性使用 B 门增加曝光时间，从而可以进行更复杂的光绘创作。

白平衡。通常我会使用自动白平衡

对焦。如在全黑的情况下需要手动对焦，提前对拍摄主体光源部分进行对焦，锁定后进行拍摄。如果光线充足的情况下可以尝试自动对焦。

具体参数设置

接下来我们针对性地介绍参数设置。首先我会给大家一个区间，了解参数设置后， 我们可以进行拍摄尝试，看看参数调节后的变化。

固定区间为：感光度 100、光圈 F8.0~F13.0 之间、快门速度 30s、手动对焦、自动白平衡。

理论学得再好，都不如进行实战练习奏效，实战是光绘艺术能力快速提高的关键。下面让我们进入测试阶段。大家可以看到，在不同的参数设置下，拍摄的效果会有所不同。

接下来我们进行演示，场地选择在一个公园内，时间在晚上 9 点左右，天已经全黑，但城市内明亮的路灯及其他灯光影响因素比较大，于是我们选了一个相对黑暗的地方进行测试。接下来请看测试效果。

调节光圈测试 1

中国　北京 2018.6.10

奥林巴斯 EM5 Mark II

ISO 100

光圈 F8.0

快门速度 30s

调节光圈测试 2

中国　北京 2018.6.10
奥林巴斯 EM5 Mark II
ISO 100
光圈 F9.0
快门速度 30s

调节光圈测试 3

中国　北京 2018.6.10
奥林巴斯 EM5 Mark II
ISO 100
光圈 F10.0
快门速度 30s

调节光圈测试 4

中国　北京 2018.6.10
奥林巴斯 EM5 Mark II
ISO 100
光圈 F11.0
快门速度 30s

调节光圈测试 5

中国　北京 2018.6.10
奥林巴斯 EM5 Mark II
ISO 100
光圈 F13.0
快门速度 30s

在保持相同曝光时间的情况下，可以通过光圈变化来调整准确的曝光数值。随着光圈的缩小，背景逐渐加黑且光源的亮度也会降低，线条也会变得越来越细。原则上初学者需要确保充足的曝光时间，在充足的时间内拍摄出希望画的光绘图案，满意后再根据经验慢慢地去掌握背景的准确曝光数值，一步一步地提高。

通过对这些光绘照片进行对比，大家可以渐渐地发现，在感光度和快门速度锁定的情况下，我们可以通过光圈调节来实现曝光效果。但如果我们的快门速度超过 30s 以后呢？这样的场景应该如何进行参数设置呢？接下来让我们来了解一下，在感光度和光圈不变的情况下，我们如何通过延长曝光时间（B 门），来进行参数设置。

快门速度变化测试 1

中国　北京 2018.6.10　奥林巴斯 EM5 Mark II　ISO 100　光圈 F8.0　快门速度 40s

快门速度变化测试 2

中国　北京 2018.6.10　奥林巴斯 EM5 Mark II　ISO 100　光圈 F8.0　快门速度 50s

快门速度变化测试 3

中国　北京 2018.6.10　奥林巴斯 EM5 Mark II　ISO 100　光圈 F8.0　快门速度 60s

相信经过一系列的测试大家已经总结出了比较快捷有效的参数设置方法。通过光圈与快门的配合，在光圈锁定的情况下，可以通过曝光时间的加长来保证照片的曝光量，当锁定快门速度的情况下，我们可以通过光圈调节直接影响进光量，这样的操作需要进行不断的尝试和练习。

手机拍摄光绘

手机光绘功能的出现大大提升了光绘的乐趣。很多初学者止步于烦琐的参数设置，而手机光绘功能的出现直接改变了这一点，降低了光绘的门槛。而做到这一点的，不得不提一下第一款可以实现光绘拍摄的手机——努比亚 X6。记得 2013 年刚刚回国不久的我被邀请参加努比亚 X6 手机发布会，并在现场用手机进行光绘创作，当时我研究光绘刚刚三年多，之前给别人表演的时候观众最多也就十几个人，而那次的现场表演是在发布会中展示光绘创作，300 名观众观看及全网直播。听到努比亚公司副总裁倪飞的介绍后，我带着自己的小工具箱走上了舞台。全场漆黑，只能隐隐地看到嘉里大酒店安全出口的微弱绿光，我慢慢掏出准备好的道具，伴随着音乐挥舞起来。我选择了最保险的画法，首先画了一棵梦幻树并加一些花朵做点缀，这是练习过成千上万次的拍摄手法，然后我用光棒绘制出一个光球。发布会结束后倪飞副总裁还特意问我作品的含义：树木花朵代表着生命，而那个光球代表着什么呢？我告诉他光球代表太阳，阳光普照着大地万物。其实那个光球是当时画完树木和花朵，感觉作品右上角有点空，只好画个光球保持整体性。而正是通过手机拍摄连接大屏幕，我完成了那场令我毕生难忘的表演。

言归正传，首先我介绍一下努比亚的光绘功能，因为从 2013 年开始几乎每款努比亚的手机我都有体验过，对于光绘功能我很有发言权，也为努比亚的光绘功能点赞，所有型号中都有相机家族选项，该选项中便有专门的光绘模式。值得一提的是，努比亚较早实现了光绘功能，同样也是最早实现即拍即得的拍摄方式，这也是颠覆传统摄影器材拍摄之后才可看见作品的模式，大大提升了复杂光绘创作的可能性。而如今努比亚已经将光绘功能进一步优化，只需轻松地调整曝光补偿即可一键拍摄复杂的光绘，同时会自动生成一个光绘视频。

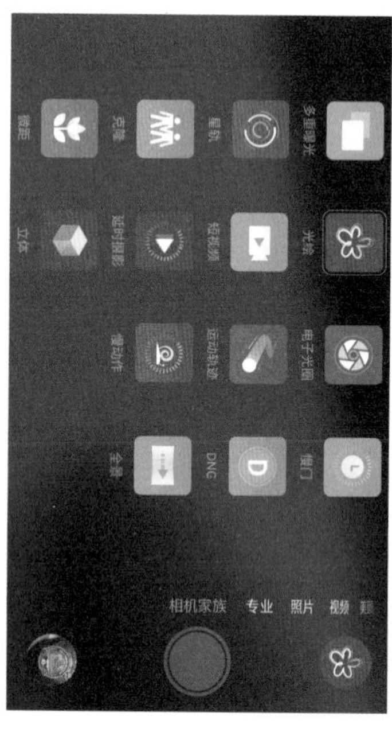

努比亚手机光绘功能界面

前一章节我们有介绍如何使用单反相机进行参数设置，而手机上的光绘功能，则大大减少了我们在拍摄前的测试时间，它的一键快速拍摄功能可以同时观看拍摄生成的图像，传统单反相机拍摄光绘时只有在关闭快门后才可以看到最终成片。努比亚首创即拍即得的光绘功能出现后，对我的创作起到了非常大的帮助。即拍即得功能使我在创作时更加高效，不像以前使用单反相机拍摄后出现各种问题导致作品创作失败，而不得不重新拍摄，增加创作时间成本。通过这样的技术，我可以在拍摄时不停地观看取景器，可以随时停止或进行位置更改。这对创作来说帮助非常大，从而我也能创作出更多使用单色光源绘制复杂图形的作品。

随着科技的不断发展，手机厂商研发技术都有所提升，如努比亚具有专利技术的星轨、光绘、电子光圈等技术研发成功后，三星、华为、小米等手机厂商也开发了类似技术，除努比亚具备光绘功能外，如果其他厂商也具备 B 门参数设置功能的话，大家可以利用上一节介绍的单反相机参数设置来进行初步尝试，由于手机的感光元件和单反相机不同，在使用手机拍摄光绘的时候，建议大家使用相对小而且亮度不强的光源进行拍摄，不然很容易出现过曝的情况。

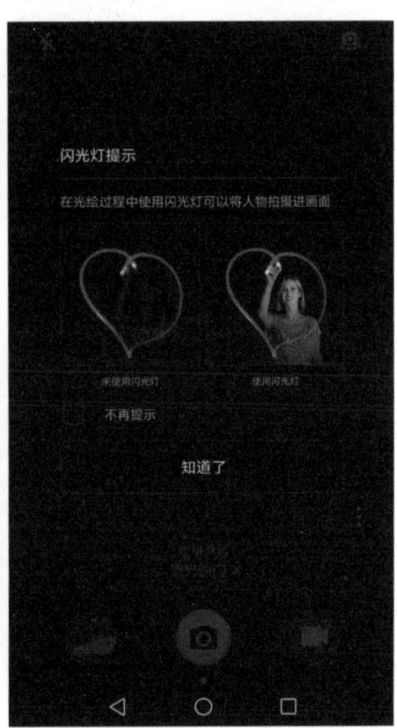

手机使用第三方软件拍摄光绘

以 PABLO 为例，我们找到 App，安装后会直接进入界面，操作很简单，可以一键拍摄，架好三脚架，拍摄光绘一键就可以解决了。

PABLO 解决了 iOS 系统无法拍摄光绘的问题。利用第三方软件，我们可以调节光圈、快门，如安卓系统自带的长曝光功能一样实现一键拍摄。

建议在使用第三方软件时尽量避免强光光源拍摄，以免出现过曝情况。

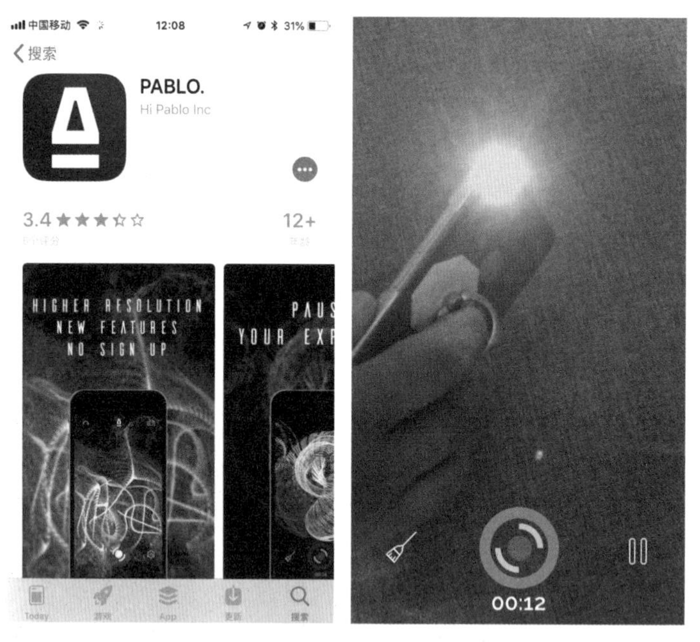

找到 PABLO App　　　　架好三脚架，一键拍摄

大家不妨在 App Store 中搜索 Light Painting 关键词来寻找更合适的第三方软件，只要具备 M 档调节光圈、快门、感光度这三项就可以实现光绘创作。

追求高画质还是便捷，拍摄器材由你决定

我们已经针对性了解了光绘拍摄的参数，不管是单反相机、微单相机、还是手机，总有一款适合你的创作需求。到底是追求便捷还是高画质，大家都会有属于自己的答案。对于我来说，如果不参加比赛，只是进行日常地练习或旅行中地简单创作，那么我会拿着手机加上一个普通的八爪鱼三脚架，配合一些简易的灯光就可以满足我的创作需求。

如果是为了产出高画质的展览级作品，我会选择用单反相机来拍摄。我对后期处理的追求不高，通常都是直接出照片。但不论是修图还是不修图，建议使用单反相机拍摄图片设置成 Raw 格式。

说到对光绘照片进行后期处理，我这边有一些小小的建议。光绘艺术更多的乐趣在于创作前的创意构思、创作中不断练习尝试，这也是光绘的魅力所在。不建议用复杂的后期处理来改变光绘的本质，光绘崇尚直出作品。

02 “画笔”的正确使用方式

单色光源

通常我会把以单色来创作的光源称作单色光源，这类光源属于光绘中最简单也是最难使用的道具之一。我指的简单是它很容易找到，而且容易上手；困难指的是如何用它绘制出丰富的作品，这个是单色光源在光绘创作中的难点。大家可能会问：到底哪些属于单色光源？例如手电筒、拇指灯、LED 光棒等，在整个创作过程中以一种颜色呈现的光源，我们称之为单色光源。在介绍这类光源之前，我们简单地介绍一些基本的使用方法。

LED 强光手电

我们以 LED 强光手电来介绍单色光源的基本用法。通常这类光源我们会在按下快门后用手电对着镜头进行绘画，从而利用相机长时间曝光，记录光的轨迹，通过这种操作方式来创作光绘作品。这种画法好比以光源为画笔，笔触的长短宽细取决于光源的长度宽度。当我们将光源反过来顺着镜头方向而不是对着镜头进行绘画时，可以起到补光的效果，可以用各种颜色的灯光进行补光，这类创作也属于单色光源的创作范畴，但如果使用三种以上颜色，便可以归类为炫彩光源。通常我会用 LED 光棒来写字或画画，因为 LED 光棒的长度在 15cm 左右，绘制的线条要比手电绘制的线条粗且有质感。只是简单描述可能大家很难理解，让我们简单地做一下测试，来看看使用 LED 光棒和 LED 手电的光效区别，这也如同画笔的笔触风格，我们一看就可以明白。

首先是 LED 手电，手电对准镜头作为画笔，而手电的宽度刚好就成了笔触的宽度，室外使用 LED 手电作为光源非常适合，高亮度可以在较亮的情况下留下光轨迹。

图对比

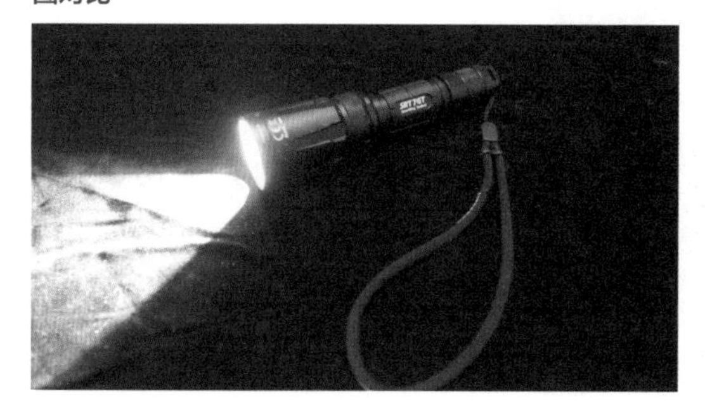

LED 手电尽量避免绘画时停顿，以防止出现过曝情况。

陶然亭章鱼帝

中国　北京 陶然亭 2014.2.14
尼康 D3000
ISO100
光圈 F4.5
快门速度 48s

接下来我们看LED光棒呈现的效果，笔触的感觉明显变粗、变虚，这正是由光棒的长度和亮度决定的。室外光线复杂，LED光棒亮度明显不及LED手电，也就会出现笔触变虚情况。

室外较亮环境建议使用LED手电，如背景比较暗可以尝试用LED光棒进行更多色彩丰富的创作。

陶然亭光球

中国　北京 陶然亭 2014.2.14
尼康 D3000
ISO100
光圈 F10.0
快门速度 116s

小女巫

德国 哈默尔恩 2019.4.4
奥林巴斯 EM5 Mark II
ISO100
光圈 F14.0
快门速度 208s

拍摄练习

拍摄一张利用强光手电为光源的照片。
利用强光手电为背景补光。

拇指灯

接下来介绍一种我在初学光绘时爱不释手的光绘道具——拇指灯。拇指灯有四种不同的颜色，其细小的笔触可以拍出手电筒无法实现的唯美效果，如我经常创作的花朵、线条比较细的图形以及细小的星芒效果等。

奥维耶多之花

该作品曾获得 2018 奥维耶多光绘大奖：特等奖

西班牙　奥维耶多 2016.7.18　努比亚 Z11　ISO100　光圈 F2.0　快门速度 93.3s

绽放

日本　神户 2011.4.25

尼康 D3000

ISO100

光圈 F18.0

快门速度 168.4s

光纤

光纤可以拍摄出不同效果的丝状特效，相当于冷光线的作用，其笔触的效果更像毛笔、刷子。你可以用它写字或者来营造草地的效果。

光纤连接 LED 灯后效果

绽放

中国　北京 2018.7.22
奥林巴斯 EM5 Mark II
ISO 100
光圈 F5.6
快门速度 4s

光源测试

中国　北京 2018.7.22

奥林巴斯 EM5 Mark II

ISO 100

光圈 F5.6

快门速度 4s

拍摄练习

光纤做辅助光源点缀背景。

光纤做主光源绘画。

烟花类光源

仙女棒

在使用仙女棒拍摄炫酷光绘之前，我们需要对仙女棒有一些了解。仙女棒属于冷烟花，比烟花更安全一些，但大家在点燃及使用的时候也要注意安全。仙女棒作为光源拍摄起来很炫酷，但确实在操作上会有一些难点。比如无法断点，拍摄的时候点燃后不容易熄灭。我们在之前的光绘中看到，如果光源不能够断点，在画面中始终是由线状呈现。所以通常我在使用仙女棒的时候都会尽量追求一气呵成，也就是连笔作画。

仙女棒登场

抽出一根点亮

点亮后拍摄

挥舞成为光源

北京

中国　北京 2018.7.22　奥林巴斯 EM5 Mark II　ISO 100　光圈 F8.0　快门速度 35s

无题

中国　北京 2018.7.22　奥林巴斯 EM5 Mark II　ISO 100　光圈 F8.0　快门速度 35s

注：原计划绘制人脸效果，但因为只能燃烧 35s 左右，未能绘画完成，如创作需要更长时间，可以找人协助。

如果想用仙女棒绘复杂的图形，可以使用黑色卡纸做遮挡。绘画过程中如果需要断点，或重新起笔，可以将黑卡纸挡在镜头于仙女棒之间，这样会避免镜头捕捉到光源的亮光，从而实现重新起笔的效果，以便于绘画出复杂的图形。但仙女棒燃烧时间有限，即将燃尽时可用黑卡纸遮挡并继续点燃下一根进行创作。时间不宜过久，避免整体作品过曝。

圣诞阿尔山

中国　内蒙古阿尔山 2017.12.24

Thomas（拍摄）

后期叠加合成

拍摄练习

利用仙女棒写 LOVE。

利用仙女棒自由创作。

炫彩类光源

LED 跑马灯

这样的道具需要你具备一些DIY能力，我会在后面的 DIY 道具制作中提到它们。这种灯经常出现在圣诞节期间，人们常常用它们来装饰圣诞树，因为在室外我们使用的道具都需要佩戴电池，所以这样佩戴电池盒的工具就非常方便使用。LED 跑马灯中包含三种颜色，这样可以解决单调的拍照方式。初学者发现单一的颜色不好绘制出炫酷的效果，这种可以变色的道具，可以说是初级道具中的利器。

LED 跑马灯

点亮后我们可以变化长度，根据实际拍摄需求调整。

拍摄前测试

中国　北京 2018.7.22　奥林巴斯 EM5 Mark II　ISO 100　光圈 F10.0　快门速度 3s

光球拍摄测试

中国　北京 2018.7.22　奥林巴斯 EM5 Mark II　ISO 100　光圈 F5.6　快门速度 79.4s

拉线效果测试

中国　北京 2018.7.22　奥林巴斯 EM5 Mark II　ISO 100　光圈 F8.0　快门速度 15s

五角星

中国　北京 2018.7.22　奥林巴斯 EM5 Mark II　ISO 100　光圈 F5.6　快门速度 16s

拍摄练习

利用 LED 跑马灯拍摄一张光绘照片。

使用 LED 跑马灯拍摄光球或在头顶甩动，查看拍摄效果。

各种玩具

各种各样的发光玩具，是初学光绘阶段可以购买来的最好用的光绘道具，它具备不同形状颜色等特点，如果能找到一个开关灵活的灯光玩具，不妨拿来试试看。有时候我会把一切发光的玩具都叫作道具，用它们不同的光效来创作。

我常用的道具就是自行车轮毂用的炫彩光带，可以在转动的时候自动更换图像，初学者光绘时会感觉很炫酷。

点亮

轻轻滑过便可出现不同的图形，可自由变换

我们可以利用它的光效来创作，可以作为点缀或作为创作主光源，可以根据你的需求来选择。

点缀效果

中国　北京 2018.7.22

奥林巴斯 EM5 Mark II

ISO 100

光圈 F5.6

快门速度 10s

光源测试

中国　北京 2018.7.22
奥林巴斯 EM5 Mark II
ISO 100
光圈 F5.6
快门速度 10s

作为主光源，我们可以将它作为画笔来绘画出一些有趣的图像。

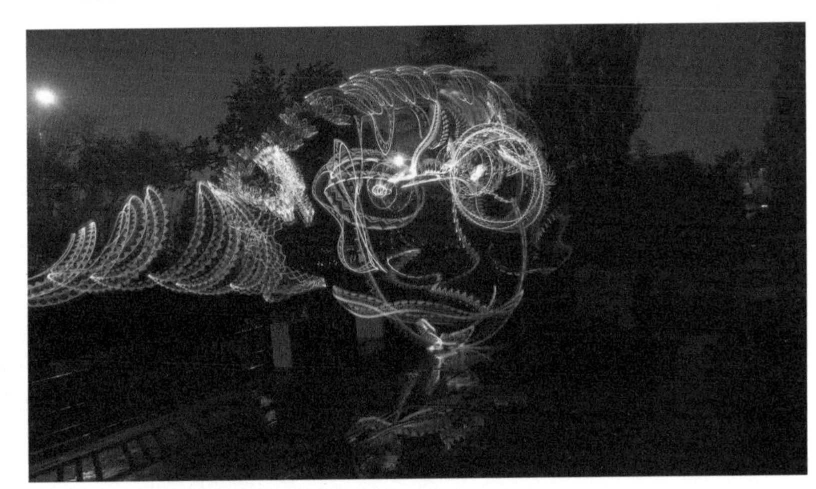

城市面孔

中国　北京 2018.7.22
奥林巴斯 EM5 Mark II
ISO 100
光圈 F8.0
快门速度 129s

拍摄练习

寻找任意发亮玩具作为光源拍摄一张光绘作品。

尝试利用光源不同的变化组合进行创作。

Wiikk 光棒

Wiikk 光棒也是比较适合初学者使用的产品，小巧便携，价格实惠，可以随时拍出有趣的光绘作品。它有非常便利的传图方式，通过 App 轻松上传任意格式图片，WiFi 一键传输到光棒上，就可以立刻拍摄创意光绘。

轻便的 Wiikk 光棒

三个简单按钮完成光绘（向前、向后、中间播放）

手机 WiFi 连接光棒，通过 App 快速传输任意格式图片。

自带光绘 App

选择照片

一键传输到 Wiikk 光棒

一道彩虹

中国　北京 2018.7.22　奥林巴斯 EM5 Mark II　ISO 100　光圈 F5.6　快门速度 20s

测试 1

中国　北京 2018.7.22　奥林巴斯 EM5 Mark II　ISO 100　光圈 F5.6　快门速度 26s

测试 2

中国　北京 2018.7.22

奥林巴斯 EM5 Mark II

ISO 100

光圈 F8.0

快门速度 10s

测试 3

中国　北京 2018.7.2

奥林巴斯 EM5 Mark II

ISO 100

光圈 F8.0

快门速度 10s

北京

中国　北京 2018.7.22　奥林巴斯 EM5 Mark II　ISO 100　光圈 F8.0　快门速度 45s

DIY 光源

亚克力片

亚克力片是光绘 DIY 道具中比较常见的材料，价格便宜，方便制作，连接处可以选择黑色水管接口，避免漏光或影响创作的杂光出现。推荐的产品是 Nitecore MH27UV，体积小具有 1000lm 效果，另外还有三色变化，DIY 安装后可以保证亚克力片高亮及呈现不同颜色。

常亮效果

红色

蓝色

使用时可根据情况选择爆闪模式或常亮模式，结合需求进行创作。

变色常亮出现的效果

立体效果

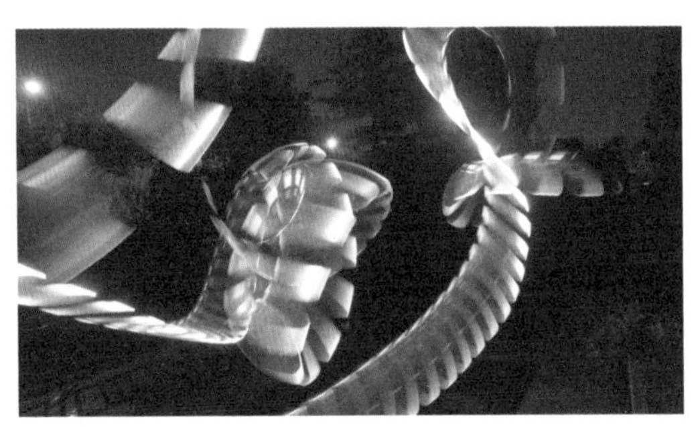

选择爆闪模式，出现了另一番感觉，视觉冲击力更强，更具有科技感

爆闪模式绘制的光球

中国　北京 2018.7.22

奥林巴斯 EM5 Mark II

ISO 100

光圈 F8.0

快门速度 102s

光球 1

德国　哈默尔恩 2019.4.1　奥林巴斯 EM5 Mark II　ISO100　光圈 F11.0　快门速度 165s

光球 2

德国　柏林 2018.8.30　奥林巴斯 EM5 Mark II　ISO100　光圈 F8.0　快门速度 112s

2017年，我的好友——法国著名街舞大师Stockos来到北京工作，在北京现代音乐学院，我们几个好友一起玩了把炫酷光绘。

扫码看视频

光球合影

中国　北京 2018.7.22
奥林巴斯 EM5 Mark II
ISO 100
光圈 F8.0
快门速度 102s

肖像

中国　北京 2017.11.1
奥林巴斯 EM5 Mark II
ISO 100
光圈 F8.0
快门速度 76s

我行我素

中国　北京 2017.11.1　奥林巴斯 EM5 Mark II　ISO 100　光圈 F8.0　快门速度 88s

炫酷

中国　北京 2017.11.1　奥林巴斯 EM5 Mark II　ISO 100　光圈 F8.0　快门速度 102s

万圣节

中国　北京 2017.11.1

奥林巴斯 EM5 Mark II

ISO 100

光圈 F8.0

快门速度 131s

黑卡纸

黑卡纸自身不会发光，我把它列在光源里是因为它可以协助你的光源完成不错的创作效果。黑卡纸的用法很简单，但需要一点雕刻功底。准备好小刀和一些黑卡纸，可以掏空轮廓后用光棒扫一下，或者用黑盒子连接外闪来实现均匀的呈现效果。

准备工具

黑卡纸若干张。A4 规格黑卡纸就足够，你可以根据自己使用情况来裁剪，如果不够大的话可以购买更大规格的黑卡纸，但对于初学者来说 A4 规格是足够用的。

刻刀、剪刀、小刀。注意安全使用。

垫板：因为刻刀很锋利，如果不用垫板很可能把桌子划坏。

用黑卡纸完成光绘的步骤：

第一步，提前设计图像。我们不需要学习 PS 技术，也不用学设计。在网上看看喜欢的图形，试着在纸上画下来，然后用刻刀刻好；或者你可以把喜欢的图片在专业网站购买后打印，临摹刻出来，这样比你直接画更简单，但大家一定要在专业的网站上购买有版权的图片使用。

第二步，拍摄。按照我们之前的参数设置，调节好后按下快门，接着将固定好的黑卡纸从左到右依次用 LED 光棒扫过，这样黑色卡纸部分会把光挡住，而镂空的部分会呈现光的效果。利用这样的方法突出光效从而出现不同的图像。大家可以看看我之前制作的一些万圣节光绘图。

黑卡纸和 LED 光棒扫出的效果有什么不同？像 Pixelstick 和 Wiikk 这样的光绘神器的出现，可以说为大家带来了很多便利，也不用像我这样再费劲去掏空黑卡纸。但 LED 光棒通过像素传输出来的图在相机上看上去像素点还是很明显的，不如黑卡纸掏空看上去柔和。所以这也是我常说的，为什么要选择适合自己的工具。如果你能够接受这样的像素点效果，那可以选择 LED 光棒来创作；如果你无法接受这样的像素点对作品带来的影响，那么可以选择黑卡纸来 DIY 图形。

接下来这组作品是2018年为PETA（善待动物组织）一次非常有意义的活动拍摄的光绘作品，此次艺术展名为“自由的熊”，呼吁大家关注马戏团小熊的困境。马戏团绚烂的灯光下，人们观看着小熊有趣的动作。谁能想到在这舞台背后，这些本该在大自然生活的小熊忍受着怎样的摧残。一次偶然的机会与PETA亚太地区工作人员思晴畅谈后有了灵感，我利用了黑卡纸的拍摄方法，用黑卡纸塑造熊的造型，刚好黑色可以诠释这些可怜小熊的内心世界，一片黑暗，无论人类的世界多么有趣快乐，在它们心中都不及那遥远的森林山川。

公益项目《拯救马戏团小熊》1

中国　北京 2018.4.6　　奥林巴斯 EM5 Mark II　　ISO100　　光圈 F4.0　　快门速度 103s

公益项目《拯救马戏团小熊》2

中国　北京 2018.4.6　　奥林巴斯 EM5 Mark II　　ISO100　　光圈 F4.0　　快门速度 98s

公益项目《拯救马戏团小熊》3

中国　北京 2018.4.6　　奥林巴斯 EM5 Mark II　　ISO100　　光圈 F4.0　　快门速度 132s

一切发光物体都可以成为你的光源

所有你在网上或者各种店里能够找到的发光体，都可以作为光源来拍摄光绘，而根据形状、颜色的不同，呈现出来的效果也是不一样的。常亮的光源和闪烁的光源也会呈现两种不同的风格，如图所示，断断续续的效果是光棒的闪烁所营造出来的，这种效果往往会出现传送带、时光隧道般的梦幻效果。

北京面孔 1

中国　北京 2017.7.12
奥林巴斯 EM5 Mark II
ISO100
光圈 F10.0
快门速度 154s

北京面孔 2

中国　北京 2017.7.12
奥林巴斯 EM5 Mark II
ISO100
光圈 F10.0
快门速度 109s

中国风光绘

中国　广东　东莞道滘镇 2017.5.29　　尼康 D3000　　ISO100　　光圈 F13.0　　快门速度 281s

我们在本节介绍了初、中、高级经常会出现和使用的光绘道具，而这些道具的使用和选择都取决于你的发展方向。发展方向也是各种光绘门派的区别所在，放眼世界光绘联盟，每个人几乎都有自己的独特风格，而这些风格也形成了一些门派，比如：通过单色光源绘制复杂图形，利用烟花类创意拍摄，利用大型装置拍摄光绘，利用 Pixelstick 拍摄色彩艳丽的光绘，大型集体光绘创作，等等。

找到适合自己的光源是第一步。如果你喜欢绘画，你可以试试用单色光源画出心中想拍摄出来的各种动物或图形。如果你喜欢色彩艳丽又炫酷的光绘，你可以拿着 Wiikk 或 Pixelstick 来挥舞出不一样的光绘效果。如果你喜欢烟花满天飞的感觉，可以赶着节日燃放烟花的时候，好好经过创意拍摄一组光绘。无论你使用哪种光源，记住选择适合自己的，充分地使用它，研究它的多种玩法，精通后再去选择其他道具。如果你有一颗探索的心，不妨去试试 DIY 属于你自己的道具。

当你有好的点子或者有特殊光源拍摄的光绘照片，别忘了发微博 @ 我，因为我很喜欢看大家的光绘创作，我也喜欢去猜你们使用了哪些道具来完成作品。

03 不同创作环境下如何拍摄

很多初学者在光绘创作中都出现过类似问题：有些在室外光绘的时候经常出现自己的人影；有些在室内拍摄光绘的时候光源效果是很清楚，但四周是漆黑一片。本节我会针对性地和大家探讨一下如何在室内室外进行光绘和拍摄参数设置，希望帮助大家在创作中少走弯路。

室内光绘

通常我会鼓励初学者，在光绘创作的时候先在室内进行。当你掌握了正确的曝光和一些光绘基础操作后，再到室外去光绘。当然室外光绘还有一个问题就是，无论你在哪里光绘、在什么时间光绘都会碰到好奇的人们围观，而这时候会让你分心，不一定能专注于创作。当然这是碰到友好的人们，更多情况下会被认为是行为奇怪的人。

张国田老师指导作品《呼吸》

中国　北京 2015.2.4　　尼康 D3000　　ISO100　　光圈 F13.0　　快门速度 169.2s

地下室奇幻夜

中国　北京 2015.4.9　　尼康 D3000　　ISO100　　光圈 F7.1　　快门速度 690.2s

室内光绘需要注意的问题：

第一，选择一个空间适中的地方，光源与相机镜头距离至少 2~3m 为佳。

困了累了来一碗火面

日本　神户 2011.4.29　　尼康 D3000　　ISO100　　光圈 F20.0　　快门速度 23.2s

第二，室内光线控制。尽力把光线调黑就可以纯粹地练习光绘技法，光圈参数建议可以在F8.0~F16.0之间，晚上将窗帘拉好并关闭所有灯光的情况下，保证感光度100，快门速度固定的情况下，很容易掌握基本拍摄技法。

小光球

日本　神户 2011.1.12　　尼康 D3000　　ISO100　　光圈 F16.0　　快门速度 13s

第三，快门速度控制。当设置光圈在F8.0~F16.0之间，而且室内比较黑的情况下，通常我们可以将曝光控制在1m之内。当然一张好的光绘作品取决于效果呈现、光源的使用、环境等因素。在室内我们可以控制的是光源的使用、参数设置、预计环境光控制。这几点可以让你快速地掌握光圈与快门之间的搭配。简单来说就是一句话，快门速度保证在30s的时候，如果作品整体过曝，我们可以通过将光圈调大来增大进光量；如果作品呈现欠曝情况，我们可以将光圈调小来减少进光量。当你掌握这样的规律后，渐渐可以使用B门延长曝光时间，以后也可以在锁定光圈不变的情况下，通过延长或缩短曝光时间来避免欠曝和过曝，从而达到最准确的曝光时间。

山本翼之家

日本　神户 2011.1.2　　尼康 D3000　　ISO100　　光圈 F13.0　　快门速度 20s

表白

日本　网走 2013.5.28　　尼康 D3000　　ISO100　　光圈 F18.0　　快门速度 62.5s

第四，光源的选择。由于室内光线较黑，建议大家可以使用一些光线比较弱的光源来尝试创作。比如我们之前介绍的冷光线、光纤类光源等。不建议使用过亮的光源如 LED 手电类，这样很容易导致整体过曝。

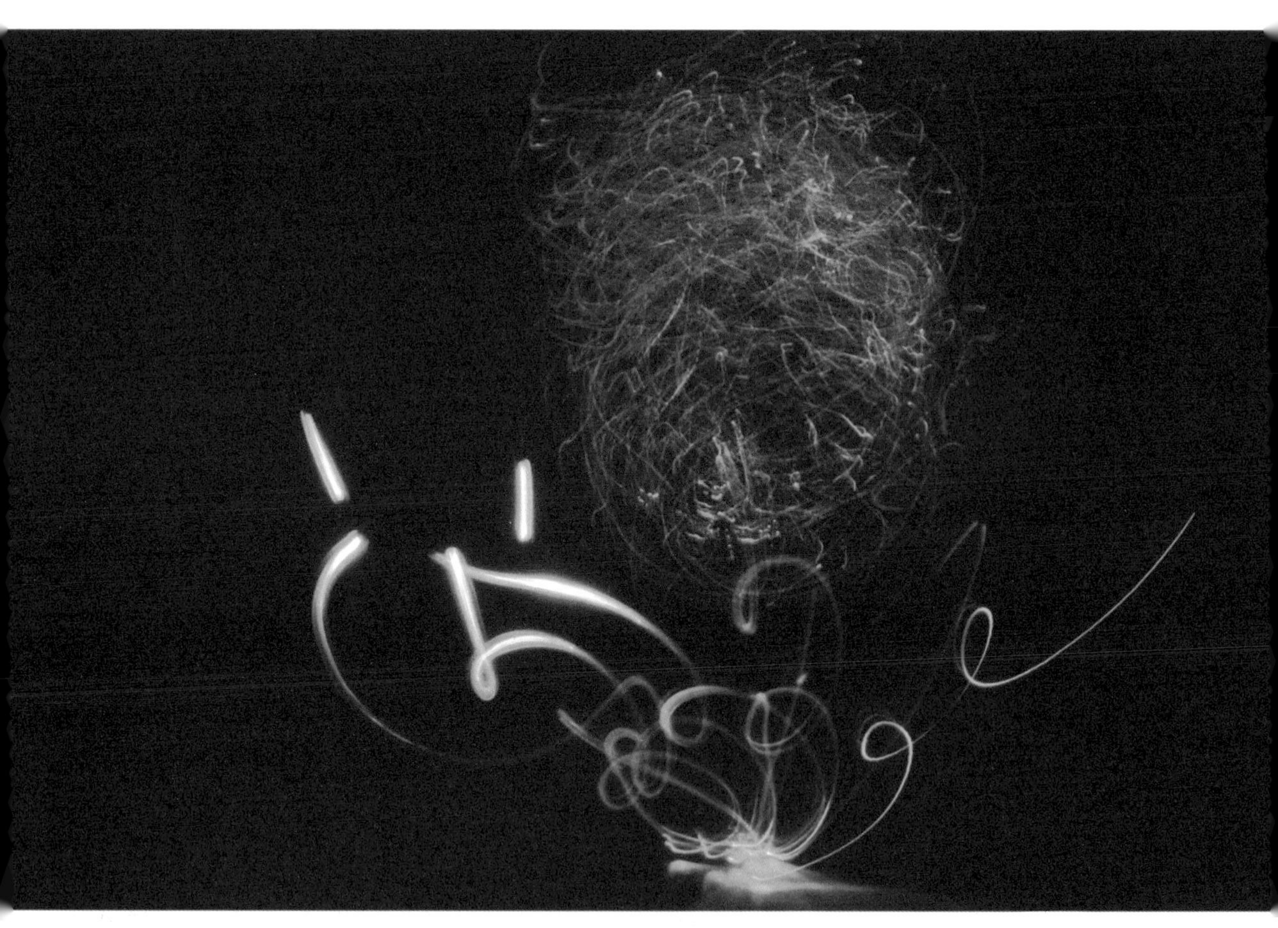

绽放之花

日本　神户 2011.11.2　　尼康 D3000　　ISO100　　光圈 F22.0　　快门速度 69.9s

第五，绘制的手法控制。室内光绘在绘画手法上建议选择快速挥舞，避免光源在相同位置长时间停留。同样也尽量避免光源在同一位置重复绘画，否则容易出现过曝现象，并容易将四周的环境照亮。

粮仓之花

中国　广东　东莞道滘镇 2017.5.24　尼康 D3000　ISO100　光圈 F13.0　快门速度 141.1s

雪人

日本　神户 2011.12.14　尼康 D3000　ISO100　光圈 F22.0　快门速度 152.2s

第六，如何实现背景的出现。当你在室内拍摄一段时间后，对光圈与快门的配合有一些感觉之后，下意识地可以在每次光绘拍摄完毕后延长曝光时间，从而曝出背景的景观后关闭快门。全黑情况下也可以使用简单的光源以照射背景的方式快速补光。当这些技法熟练后，可以慢慢地转移到室外。室外光绘的难点就是外部杂光较多，光污染比较难控制，而这种环境是不太适合光绘的。但为了创作需求，我们可以选择室外比较暗的地方来创作。

室外光绘

室内创作是室外创作的基础。当你在室内创作的技术成熟后，对光绘的参数设置以及曝光有充分了解后，接下来可以在室外进行光绘创作。室外光绘创作存在更多不确定因素，因为很多场地你无法控制环境光，例如路灯、行驶的车辆的车灯、楼体的光亮等等。所以在室外光绘创作中，需要先把背景拍摄出来，找到合理的曝光值后，利用有限的时间进行光绘创作。

第一，选择一个比较空旷且黑暗的地方，光源与相机镜头距离至少 3~4m 为佳。

小星球

中国　北京 2017.7.25　　奥林巴斯 EM5 Mark II　　ISO100　　光圈 F16.0　　快门速度 132s

第二，室外光线不可控因素较多，室内我们已经练习通过光圈与快门配合实现准确曝光，在室外的话，光圈建议在 F11.0~F18.0 之间，保证感光度 100，快门速度固定。当然在以后的创作中，随着技术的提高，室外也可以使用大光圈拍摄，通过减少曝光时间来实现。

抽象的花朵

中国　广西　桂林 2017.7.20　奥林巴斯 EM5 Mark II　ISO100　光圈 F14.0　快门速度 78s

第三，快门速度控制。当设置光圈在 F11.0~F18.0 之间，如果室外光线比较暗的情况下，我们同样可以将曝光时间控制在 1min 内。建议大家在拍摄的时候选择一个喜欢的背景，先拍摄一张不加光绘效果的照片，当你可以将背景充分曝光出来的时候记住参数设置，如果这张照片曝光时间是 1min 左右，也可以说你有 1min 左右的时间进行创作，当你准备好光源和绘画的内容后可以按下快门来拍摄。如果你觉得 1min 不够，您可以通过调小光圈，从而增加曝光时间以便有更长的创作时间，也会丰富整个创作。

大阪城市面孔

日本　大阪 2017.1.8　　奥林巴斯 EM5 Mark II　　ISO100　　光圈 F14.0　　快门速度 68s

第四，光源的选择。由于室外光线比较杂，有时路灯也可能会造成光污染，在小光圈拍摄的情况下，大家可以选择一些比较亮的光源来创作光绘作品，如之前提到的 LED 强光手电、烟花类或 Wiikk 光棒这样的工具。室外不适合的是冷光线这样的微弱光源，因为很容易被背景光遮盖。当然大家如果能够找到漆黑一片的室外环境，就可以使用冷光线了。这些都没有绝对的可以或不可以，只是跟大家介绍一下具体的使用限制，当你的技术提高后，也可以根据自己的需求来选择不同光源创作。拿这张罗马拍摄的照片来举例子。罗马城内的灯光非常多并且都是暖光，而这张作品我选择的就是非常强的 LED 光源，因为只有通过这样的强光源，才可以在强光背景下记录下来光轨。这张足足曝光了 82s，为什么无法看到我人影的出现？首先，我们可以设置 F22.0 的光圈，将进光量控制到最低，用较短的拍摄时间来避免过曝出现。还有另外一个小技巧就是我找到了一个合适的位置进行光绘，大家可以看到大门处有一个阳台，而阳台下这个黑门相对四周都比较暗，而这正是我进行光绘创作的理想位置，这意味着我可以通过快速绘画不会被四周的光将身体照亮，于是我在这里创作了从 2015 年开始的专题创作 *Urban Face*，而这张慵懒的面孔在我的记忆里应该是第一天来到罗马入住的旅店老板 Danilo 的样子，慵懒的面孔下带着一丝罗马人的优雅。

Urban Face Danilo

意大利　罗马 2017.3.6　　索尼 A7s　　ISO100　　光圈 F22.0　　快门速度 82s

04 不盲目采购光源

找到适合自己的光源

我经常在讲座中告诉初学者：不盲目采购光源，熟练掌握一种光源后，再进一步地采购需要的光源。

我刚开始学光绘时，到处买光源，每一个作品都感觉很炫酷，瞬间觉得自己已经掌握了全部光绘技巧，但最终发现我的作品水平没有什么太大的提高。有时候我在出门创作的时候，总是背着个大包又拉着箱子，带着各种光源，但真正创作的时候，可能就用了一两种光源。

我需要和你们分享的就是创作前的构思和计划很重要。在刚开始创作的时候，我还出现过断片儿的情况。断片儿是北京话，意思是喝醉了记不住发生了什么。在刚开始光绘时按下快门，走到镜头前拿着灯刚要光绘的时候就断片儿了，真的不知道画什么了。后来我总结出一些小经验：大家可以准备一个笔记本，把想拍摄的效果大致写下来或画下来，而光源是需要在这个时候结合效果来选择的，大体需要用到哪些，而这里优先选择经常使用的道具。整体构思雏形初现后，可以再进一步丰富，有计划地去筹备每次光绘创作，养成系统创作的好习惯，这样有助于你快速提高和减少创作用时。

一个人

日本　东京 2012.5.12　　尼康 D3000　　ISO100　　光圈 F14.0　　快门速度 28.7s

陶然亭光影

中国　北京　陶然亭 2014.2.17　　尼康 D3000　　ISO100　　光圈 F9.0　　快门速度 150s

东京之夜

日本　神奈川 2012.9.20　　尼康 D3000　　ISO100　　光圈 F22.0　　快门速度 46.1s

布鲁塞尔之夜

比利时　布鲁塞尔 2019.3.2　　奥林巴斯 EM5 Mark II　　ISO100　　光圈 F11.0　　快门速度 187s

熟练掌握一种光源

前面提过使用熟练的光源来创作。那么怎样算是熟练或熟悉的光源呢？这可以通过自己的感觉来决定。如果一个光源的使用超过 100 次，我觉得可以被认为已经熟练掌握。当我第一次使用 LED 手电拍摄时，仅一张照片就拍摄近 50 次以上，而最终绘制出理想效果的时候，这个光源已经陪我拍摄了不下 200 次。这样的熟悉度，让我更好地掌握了它的效果、优势和劣势。而正是这样的操作，在以后的创作中，拿着它就会习惯性地拍摄出适合该光源的光绘作品，在组合创作中，也能更清楚它可以实现的效果和组合后的感觉大体是什么样子。

说了这么多，也是希望大家能够对每一种光源都充分利用且不失去热情。盲目采购只会降低对光绘的热度；有目的地选购适合自己的光源，才能更好地推进你对光绘的热情。

滑倒

日本　神奈川 2012.9.20　尼康 D3000　ISO100　光圈 F22.0　快门速度 46.1s

跨越两极的友谊

中国　北京 2016.7.31　　尼康 D3000　　ISO100　　光圈 F13.0　　快门速度 56.6s

奥维耶多巨龙

西班牙　奥维耶多 2016.7.18　　努比亚 Z11　　光圈 F2.0　　快门速度 297.5s

过去—现在—未来

德国　柏林 2018.9.2

奥林巴斯 EM5 Mark II

ISO100

光圈 F10.0

快门速度 124s

创意
——光绘的原动力

01 如何用光写字

字体需反写

在大家的印象当中，光绘可能除了写字就没有什么更炫酷的玩法了。这本书中，会全面针对初级用户，教给大家比较好玩的创作手法，让你几分钟就变成光绘达人。不过，我还是要从光绘写字教起，这项技能让你在平时创作和好友聚会时，都可以炫酷到没朋友。

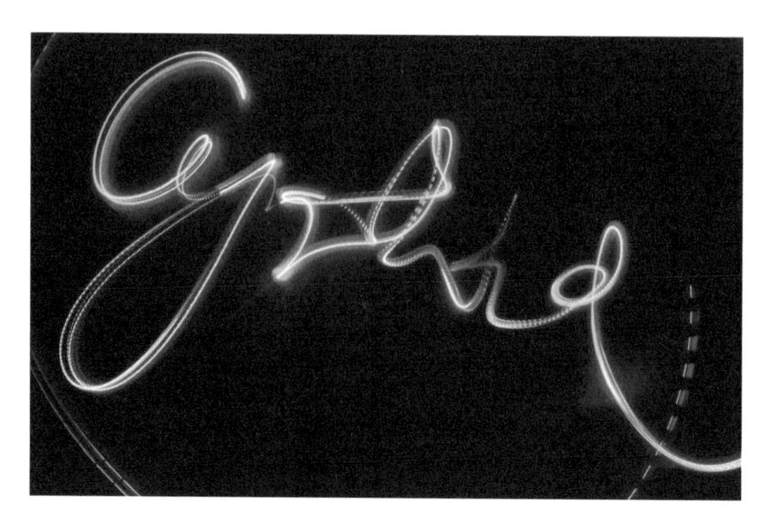

Cynthia
日本　神户 2011.1.10
尼康 D3000
ISO100
光圈 F22.0
快门速度 52s

Roy W

日本　神户 2011.1.16　　尼康 D3000　　ISO100　　光圈 F18.0　　快门速度 18s

Berlin

德国　柏林 2016.9.2　　尼康 D3000　　ISO100　　光圈 F2.0　　快门速度 45.5s

字体需要反写，这是光绘中一种比较难操作的创作方式。我是从什么时候就开始练习反着写字的，连我自己都不记得了，而对于反写，我也找到了一些简单的方法，这里会和大家一一分享。

我们可以将三脚架和相机都架好，一边调整好参数，一边开始进行拍摄试验。首先，我们需要想好写什么字，比如我们可以写“LOVE”这种最简单的单词。

反着写字应如何完成呢？我们可以看着图用这样的拍摄步骤。首先选择镜头前方靠近你的右手边的一个点来作为起点，随后向左平移。在你面前就是画布，而这个画布应该如何使用，我会进一步教你方法。大家可以先试验一下，以一个单独的字母为单位，每画完一个字母向左侧平移一步，随后画第二个字母，以此类推最终完成“LOVE”这四个字母的创作。这里要记住，字母是需要反写的。

LOVE

中国　北京　ISO100　光圈 F5.6　快门速度 30s

创作中利用身体定位

刚刚提到，每画一个字母后，我们身体需要向左平移一步。这一步很关键，它影响了最终成像字母间的距离。同样的，当你拍摄字母的时候，不一定非要凭空绘画，可以借用地面作为标记。就像我在柏林创作的时候，因为四周围观的人特别多，如果我凭空创作可能会写得乱七八糟，就会影响创作后作品的效果。

而创作前的定位也尤为重要，可以先做标记，记录左右在镜头画面中的边界，这样大体可以知道左右的距离在画面中的位置且不至于出去，所以当你记录好镜头最左侧的时候，可以开始用步伐测量，大体每个字母的距离及中心点的位置。当做好这几个准备工作后，就可以拍摄光绘了。

创作举例

首先我们看一下整体拍摄的“LOVE”。大家可以清晰地在 L 右上角看到一张人脸，那就是我的脸，因为光圈比较大，在外景未黑的情况下，再加上我的 LED 灯比较亮，导致留下了鬼影。这种情况可以通过调快快门速度和快速移动来解决。

以下图片拍摄参数设置一致，我按照字母“LOVE”的顺序进行拍摄步骤的讲解。正如上文所说，我们设置好快门速度 30s、ISO100、光圈 F5.6，随后我们按下快门，在镜头前 3~6m 之间进行光绘。每个字母都需要反写，比较方便的练习方法是将字体写在纸上，然后翻过来后则是反写的，或者用软件将正写的字体进行镜像后练习。

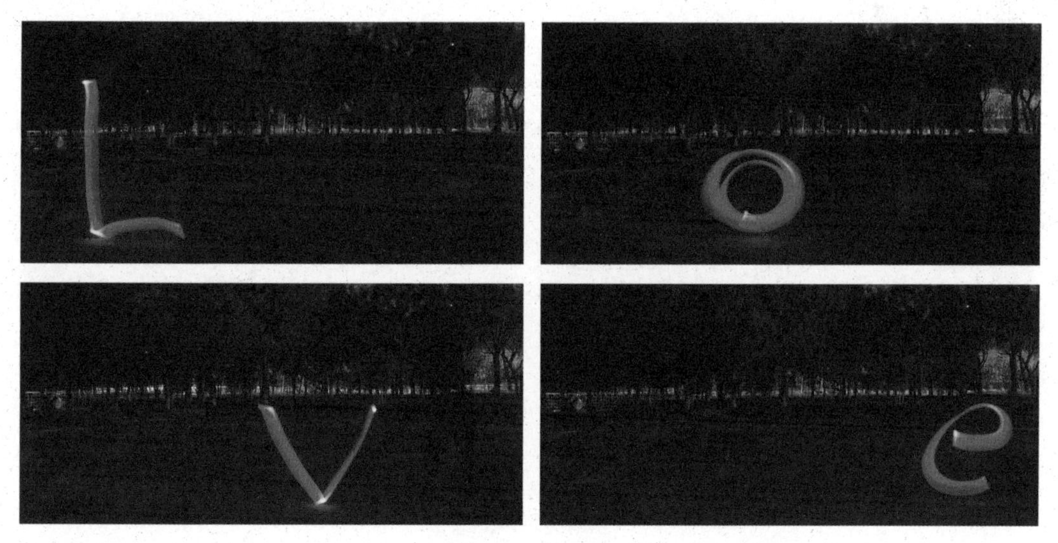

按顺序拍摄“LOVE”

大家不难发现，就像之前介绍的一样，光源大小、形状及颜色，会直接影响线条在作品中的呈现。同样是书写“LOVE”，换了光源后效果是完全不同的。刚才我们是使用LED光棒来拍摄的红色“LOVE”，接下来让我们看看用小的LED灯拍出来的效果。

LED灯拍摄LOVE

中国　北京
ISO100
光圈F5.6
快门速度30s

我们可以看到，因为线条比较细，所以显得字体不是很饱满，正像照片表达的一样，我们在写字的时候，更愿意使用粗一些的光源来拍摄，如光棒就是不错的选择。

LED 手电效果

中国　北京
ISO100
光圈 F5.6
快门速度 30s

闪烁光源拍摄 LOVE

中国　北京　ISO100　光圈 F5.6　快门速度 30s

不同的颜色及闪烁会出现不同的效果，大家看到断点线条出现的情况，是因为 LED 手电的爆闪功能导致。不同的颜色及不同频率的闪烁，会在照片中形成断点的效果，也是一种不错的创作手法。

正写镜像调整

如果你真的写了上千次也无法画出喜欢的光绘字，那也没有关系，可以先正写，然后通过软件进行镜像翻转，这样也不用那么麻烦地去写上千遍。我把这个放在最后告诉大家，是因为我希望初学者能够体验反写的困难和最后完成创作的那种乐趣。光绘的真谛是通过光源绘制并配合背景呈现完美的作品，而不是通过后期处理来达到最终的效果。我们更喜欢一次出片，而不是拍摄 3min，修图 3h，这并不是光绘的快乐所在。

如同我经常在光绘表演的时候一样，如果我绘制光绘字母，即时展示的话，我必须通过反写后同步到屏幕上，否则大家就看不懂了。所以光绘师有时候真的要对自己狠一点，这样才能练就真功夫。在取景器中如果正写的话，成片会是这样的效果。

正写 LOVE 效果

中国　北京　ISO100　光圈 F5.6　快门速度 30s

02 培养空间记忆力

空间记忆力让你先人一步

空间记忆力是光绘中比较难练习的技巧，这项技能需要你在黑夜中短暂记忆光的轨迹，并在记忆保存的短暂时间内连贯性地完成下一步创作。这种记忆不是简单通过对光的轨迹进行记录，而是通过一些辅助方法便于你来记录，这种方法需要你对眼前的区域有空间概念。

光绘区别于在传统纸上绘画，光绘是看不到创作过程的，也无法记录笔触的轨迹。说到空间记忆，最多也就只能记住两三条光轨，而随着更复杂的创作会渐渐忘记位置。说来说去，记住位置可能是你提高空间记忆力的重要方法。当你对空间位置有了概念后，它会协助你记录光的轨迹。接下来我和大家分享一下自己的经验。

眼前空间是你的画布，利用好画布，不要让作品过于居中或分散。首先，你需要了解画布的最上方，手臂举过头顶最高的位置是最上方的标记，无论从左到右还是从右到左，永远不要超过这个位置。接下来是左右距离，还记得刚才光绘字体吗？每画完一个字母平移一步，这正是因为一个画布画完后，我们需要另外一个画布，而这个画布的左右距离是你通过双臂伸展开来做记录的，两臂展开的距离就是你画布左右的距离。如果写字，第一个字母不要超过左右的距离，随后平移一步再写第二个字母；如果绘画，记住你胸前的画布位置，利用好上下左右的距离，而不要只在眼前绘画，这样能很好地避免画成一团。“上左右”这三个方位大家都有感觉了，那么“下”我们如何定位呢？我们可以通过地面来定位“下”，这是最好的定位方法，也就是说“上下左右”我们都有了定位的方法，这样一个虚拟的画布就出现在我们的面前了。每一次我们都用这个来定位，利用好这个空间，相信很快你就会掌握这个距离。我们会在稍后进行测试拍摄，在这里大家不妨构思一下即将拍摄的作品。

定位“上下左右”

熟能生巧

当我第一次连普通的花朵都要重复拍摄上百次的时候，当我不断往返相机取景器和拍摄位置的时候，当我看到最终的光绘效果开心到跳起来的时候，我体会到了什么是付出一定有回报，什么叫熟能生巧。说实话，想用光凭空绘制出图像，这并不是件简单的事。而当你不断练习后，战胜各种困难并一次又一次尝试，从失败中总结不足，你会很有成就感。每次创作时，你的心中都会随着作品效果发生变化，可能会选择放弃，也可能继续创作。这些心理变化，也伴随着创作培养着我们的意志力。你要有信念，当你快坚持不住的时候，也许下一张光绘作品，就会达到你的预期效果，不如再试几下，当看到最终效果时，你会高兴得跳起来。而为了达到这个效果，你值得付出一切。

我也会和很多光绘师分享学习并一起创作，我发现大家都会有一个习惯，就是每次创作时我们的口头禅都是“这是最后一张”。我们每次都会这么说，直到拍到最满意的一张时还会说“再来一张”。因为精益求精的精神，光绘师总会觉得下一张会更完美。

万圣节之夜

中国　北京 2017.9.25
奥林巴斯 EM5 Mark II
ISO 100
光圈 F5.6
快门速度 128s

这张作品是我和好友西班牙光绘师 Medina 以及他的妻子一起在琉璃厂拍摄的作品。

2017 年 9 月应 *City Weekend* 杂志编辑 Mina 邀请，我有幸为该杂志拍摄了万圣节主题封面，而正当我寻找拍摄创意的时候，好友 Medina 和他的妻子 Ami 来北京探望我，我们约好某天晚上在北京拍摄封面照片。

因为万圣节，我们想做一些突破性的人像拍摄，有一点点恐怖，但又不能少了观赏性，于是我们想到了幽灵，而 Medina 的妻子 Ami 充当我们的模特来扮演“幽灵”。在这次创作中，让 Ami 感到无奈的就是我们两个经常会说“这是最后一张”，而这一句过后不知道重复了多少次，作品才拍摄出来。

这张作品创作的步骤我也简单介绍一下：我们将模特身上披上床单，然后选好机位，我们选择胡同中最黑暗的地方，这里看上去就令人浮想联翩，随后 Medina 用红色色卡罩住 LED 手电筒，通过背后补光对两侧墙体进行补光；接着我们用 LED 小手电为模特主体微微补光，形成半透明状态的感觉；最后 Medina 用手电在模特眼部短暂停留 2s，形成星芒效果，而我则在这个时间内利用冷光线点缀下面的场景，这种方式会营造更多的灵异气息。就这样，我们的作品登上了 *City Weekend* 2018 年 10 月封面，炫酷得无与伦比，再次感谢我的好朋友 Medina 和他的妻子 Ami。

位置感培养来完成复杂创作

扫码看视频

刚才提到的几个定位方法，我们会在本节进行创作演示。我希望大家不断地练习提高，也希望能看到你们拍摄出最完美的光绘作品。

首先我们来尝试拍摄一个具体的图形，然后对位置进行定位并开始拍摄手法练习。我经常告诉大家，在你的面前就是画布，而利用好这个画布对光绘创作来说至关重要，如何在黑暗中找准位置，这是可以慢慢练习的。光绘创作多数在镜头前与镜头平行移动，尽量避免纵向移动，因为只有横向移动在镜头中才会有更多变化。关于纵向绘画方式，可查阅本章第三节中介绍的纵深移动营造创意空间感作品的拍摄方法。

就如第一节我们介绍光绘中的写字创作一样，左右的距离至关重要，你需要提前做好定位，该在什么位置拍摄什么样的内容，至少心里要有一些规划，这样可以避免现场拍摄的时候出现不知道做什么的尴尬情况。除了写字，画画也是一样。比如这张作品，我是通过五个步骤拍摄而成的。

光绘中国龙

中国　广东　深圳 2016.8.10

努比亚 Z11 miniS

ISO 100

光圈 F2.0

快门速度 374.6s

第一，我需要锁定龙头的位置。绘好龙头后，其他位置相对好确认，也会更顺利。

第二，向右侧跨一步。如之前所提示的一样，眼前的画布使用完后，我们用平移的方式移动到另外一个画布，从而有新的空间可以进行绘画。

第三，回到龙头位置向左侧平移一步，这样继续画龙的身体其他部分。

第四，完成龙身后再向左侧平移一步，画剩下的部分。

第五，最终将龙绘制完成，整体效果已经出现。

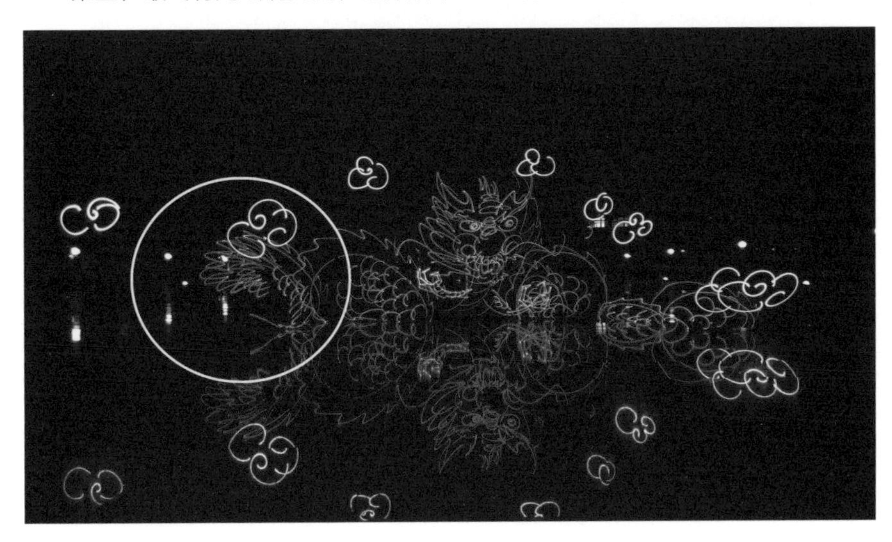

第六，最后使用白色的拇指灯绘制云朵点缀。

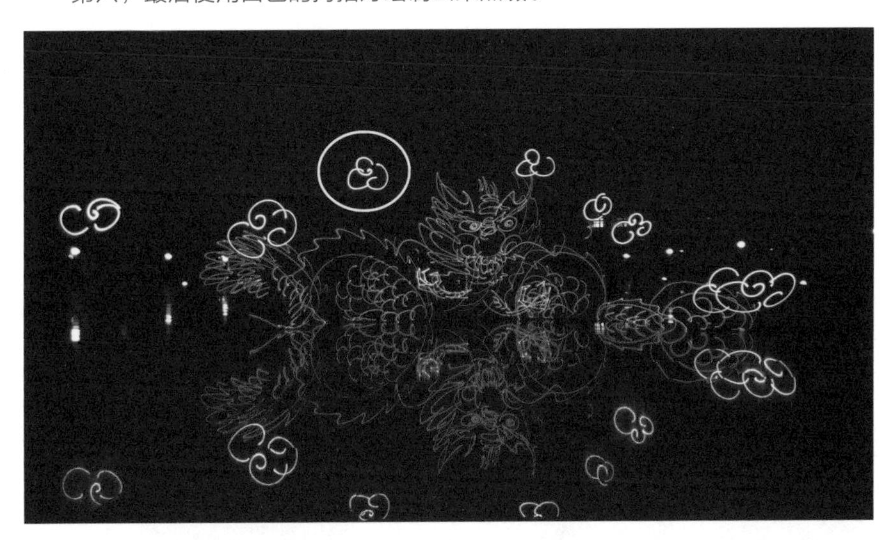

正如分解图片细节，我在拍摄这张作品的时候，分了六个步骤拍摄，当然这个不可能仅凭自己的记忆。我们需要一些定位方式来实现最终效果。我也会在下一节介绍能精准定位的一些方法，在这先打个伏笔。大家本节需要掌握平移的绘画方式，这样可以培养你的空间感及拍摄复杂光绘的能力，而且通过这样的练习，可以让你掌握眼前“画布”的使用方法。

03 定位方法揭秘

步伐定位

步伐是你实现定位的一个好方法，记住上一节的空间训练法，这样可以协助你完成更复杂的创作。

上节介绍了通过脚步的移动来实现定位的方法，而在平移的时候我们尽量与镜头平行，就不会在左右移动的过程中发生偏移，如果发生偏移会导致拍摄的主体大小发生变化，离得越远就会越小，离得越近就会越大。而在平行创作中，如写字的光绘不要过多地利用前后纵深来创作，尽量保持平行创作。当然有些朋友喜欢纵深感的创作也可以使用平移加纵深法，这样的光绘字体会更有层次和动感，但这样的创作也会增加定位难度。我会和大家分享三种创作时步伐的方式，大家可以看看效果有什么不同。

平行移动

正如上节所示，在拍摄中国龙的时候，我使用的是横向的平移方式，整体画面的大小高度根据个人身高决定，不会出现其他大小不一，或者字体倾斜。这样的方式也适用于写字，与相机平行平移，可以确保每个字体或绘画事物比例相近。

VISE
中国　广东　深圳
2016.8.26
努比亚 Z11
ISO 100
光圈 F2.0
快门速度 80s

在前面的章节中我介绍过如何光绘字体，而这些走位方法都是平行移动，这样出现的字体大小相同，不会有太大偏差，出来的效果是在同一直线上，画面看上去中规中矩。

侧后方移动

平行移动创作会显得字体比较中规中矩。而向侧后方移动会营造出怎样的效果呢？我们先看一下成片。

Hello

中国　北京 2018.6.10　努比亚 Z18 mini　ISO 100　光圈 F1.7　快门速度 59.1s

侧后方移动拍摄过程示意图

第一步找准 H 起始位置

H 绘制完后，我们向左后方移动两步继续拍摄 e

随后是两个 l，同样向左后方移动两步保持后移准确的间距

最后是一个 o 来结尾，可见这样的拍摄效果更有动感

通过向侧后方移动的方式，这样的拍摄效果会显得比横向并列光绘字体更生动且具有立体感，不妨试验一下。

纵深移动

这种前后纵深移动通常适用于绘画空间感比较强的光绘作品，给人一种穿越的感觉，而这种创作方式其实相对更简单，只要连接光源到绳子上甩动就可以。

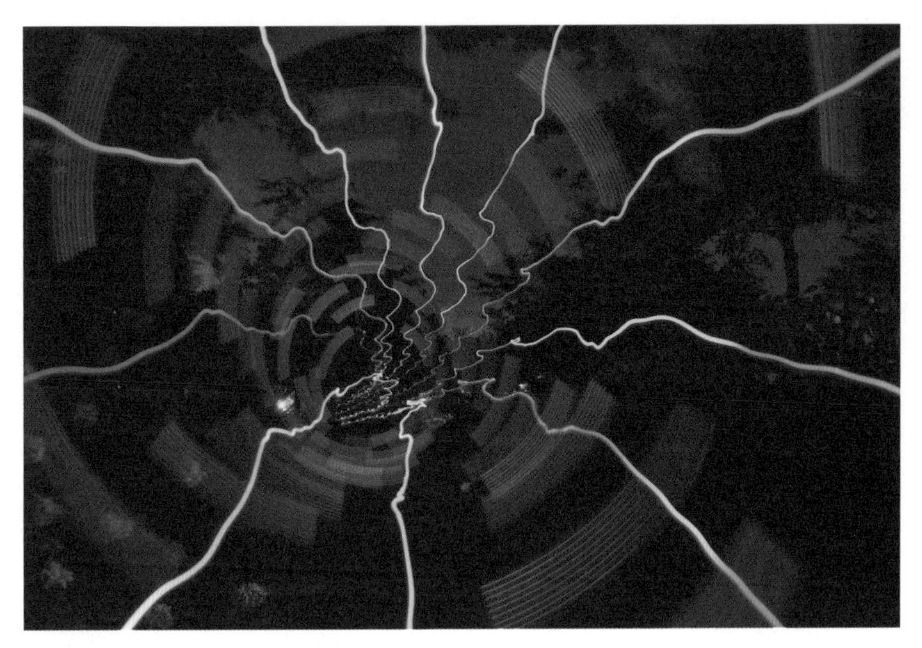

纵深移动营造创意空间感作品 1

日本　神户　2012.8.23　　尼康 D3000　　ISO100　　光圈 F11.0　　快门速度 74.6s

纵深移动营造创意空间感作品 2

日本　神户　2011.11.15　　尼康 D3000　　ISO100　　光圈 F16.0　　快门速度 69.1s

纵深移动营造创意空间感作品 3

日本　神户 2011.11.15

尼康 D3000

ISO100

光圈 F22.0

快门速度 50.3s

纵深移动拍摄过程示意图

远处准备，甩动绳子后，开始点击拍摄

稳步向前，尽量保持大臂小臂贴近腹部，只甩动手腕

快到达拍摄器材处时可向相机两侧任意方向移动

最后一圈要确保出画面后再停止拍摄

我们用一根尼龙绳连接 LED 手电，从远处慢步走向镜头，确保手腕转速均匀，建议甩一圈向前走一步，如甩动手速均匀且行进速度稳定的话，光环会非常有节奏感。

要在点击拍摄前甩动光源，另外请选用弹性比较小的尼龙绳，这样可以避免旋转时由于绳子伸缩引起的大小圈现象。

纵深移动拍摄效果

中国　北京 2011.11.15

尼康 D3000

ISO100

光圈 F1.7

快门速度 31.8s

碎石阵

你需要寻找很多小石头或者各种标记物，它们会协助你记录步伐的变化。布阵是你需要的一项准备工作。

碎石阵就是搜集你见到的小石子或者用一些其他物体当作坐标进行定位的方式。而碎石阵可以协助记性不好的你，在每个位置上做什么，这一方法很适用于复杂的光绘创作。比如我绘制复杂的中国龙，龙的整体长度在镜头前可以达到五米，而这五米我需要绘制龙头、龙身、龙爪等细节，这些碎石可以很好地协助我来定位。首先我需要摆设一个石头在头部位置，随后是龙的身体（包括身体的走向，龙身上下的扭动轨迹），再然后是龙爪和龙尾的位置，我分别做好标记后，可以进行光绘了。利用好每一个石子的标记点，从而完成复杂的光绘创作。

奥伦达巨龙

中国　北京　奥伦达部落 2011.11.15　奥林巴斯 EM5 Mark II　ISO100　光圈 F20.0　快门速度 240.3s

奥伦达小镇

中国　北京　奥伦达部落 2011.11.15

奥林巴斯 EM5 Mark II

ISO100

光圈 F20.0

快门速度 330.2s

千里眼

场地限制不了你的想象力，通过远处的物体作为标记，是较难掌握的技能。

你可以借助相机后的背景作为你定位的方法，比如我创作这张作品的时候，同样是比较复杂的内容，可以通过对面的景观来定位我脚下的位置，在对面我看到了花丛，花丛可以作为上下分界线，首先我可以在分界线上面画一些内容，随后在分界线下面继续创作，这样不会导致上下连起来，画完骏马后地面可以拍摄不同颜色的光效，从而有了分界线的作用。

骏马

中国　北京 2014.1.3　　尼康 D3000　　ISO100　　光圈 F14.0　　快门速度 140s

04 创意玩法看这里

看到这里，你已经对光绘有些了解了，或者说你已经可以拍摄一些比较真正的作品了，但你离真正的光绘师还有一些距离。我在本节会详细教给大家一些炫酷的拍摄方法，而这些光绘技法都基于我们之前介绍的内容之上，从而可以更好地协助你拍摄出与众不同的光绘效果。

首先，我们了解到光绘区别于传统摄影，光绘更多时候需要摄影者在镜头前布光、绘画、补光，甚至还需要一定的动手能力，而这正是光绘的魅力所在。让创作者走到镜头前进行创作，而不是像传统摄影一样在镜头后面通过取景器记录现有的景色和事物。光绘本身就是一门艺术，需要汇集创意、摄影、绘画等多方面的因素来决定一幅作品。

创作手法多样化

光绘在创作手法上可以说是各种各样，没有统一的规范，只要你喜欢并且拍着顺手，就可以按照自己的想法去创作。在光绘创作中，如果在刚起步阶段确实无从下手，创作构思方面有困难，大家可以多看看高手的作品来学习一下（我指的是更多地去学习创作构思和技法，并不是鼓励大家去模仿其他人的作品）。对于光绘来说，每张作品本身就是独一无二的，需要不断地尝试，才可以达到最佳效果，这个过程很虐人，但当你看到成功的作品时，这一切就都是值得的，再多的苦和累都会瞬间散去。这也许就是光绘带给我们最大的乐趣，带给人们无限的想象。

很多人可能会说，我在不停地夸赞光绘，而其他的拍摄方式，如风光、街拍也都可以拍出好作品让大家开心来获得一样的感受。我觉得它们有相似之处但本质不同，一个是你通过自己的构思来创造的场景，而另一个则是你去拍现有的事物或者景色。而且有时我会开玩笑地说，为什么光绘那么难，还让我特别有兴致地去创作。如果把光绘创作比作在黑板上画画，那看不到的过程就如同一个人在你背后捣乱，你每画一笔，这个人就用黑板擦擦掉你之前的线条，而很多人可能会选择放弃，但对执着的光绘爱好者来说，我们会坚持把整个线条都画完，然后利用短暂的时间，凭借记忆来驾驭停留在脑海中的光轨。

手持光球

光球是一种比较容易拍摄且具有立体感的光绘效果，我们可以通过比较长的光源来实现这类创作，如下图所示的长光棒，它的宽度可以有一种立体透视感，让整个光球的呈现更立体。

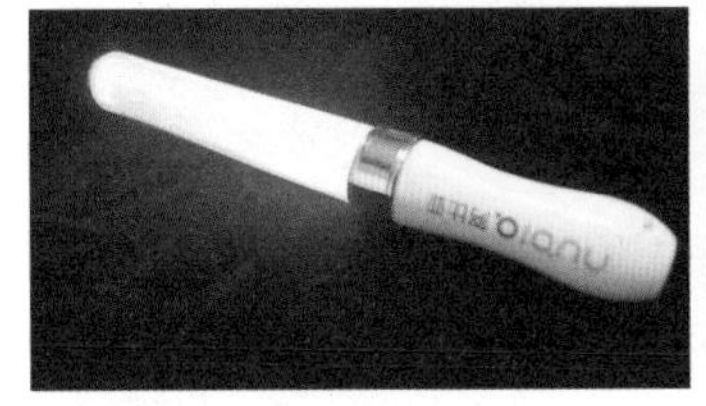

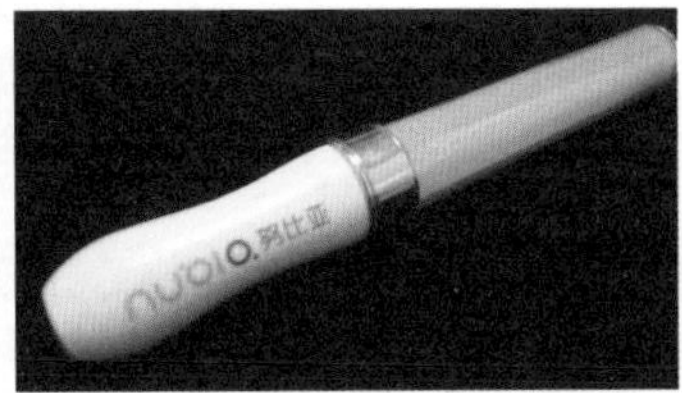

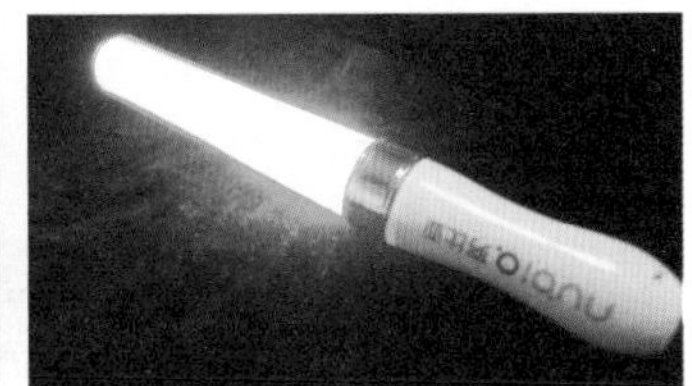

长光棒

用长光棒拍摄光球

尽量选择四周都能有光的长光棒，因为在拍摄的时候会涉及各个角度，而不是 2D 效果，如果是单面光源很难拍摄出这类效果。

拍摄时的站位及拍摄技巧

需要侧身站立，用肩膀对着镜头，以肩膀为轴，大臂带小臂顺时针或逆时针旋转都可以，但记住要确保手臂伸直，我们先来看一下效果。

我们可以看到一个基本的圆球出现了。接下来我们加一些难度，在拍摄的时候我们的于腕也自然地绕圈，这样可以达到更好的立体感，并可以填充更多黑暗的部分，使整体看上去更协调。

亚克力自制光源拍摄光球

我们同样以刚才的方法拍摄光球，但这次我们使用亚克力光源，并且选择手电的闪烁效果，这样拍出来的光球更有科技感和质感。

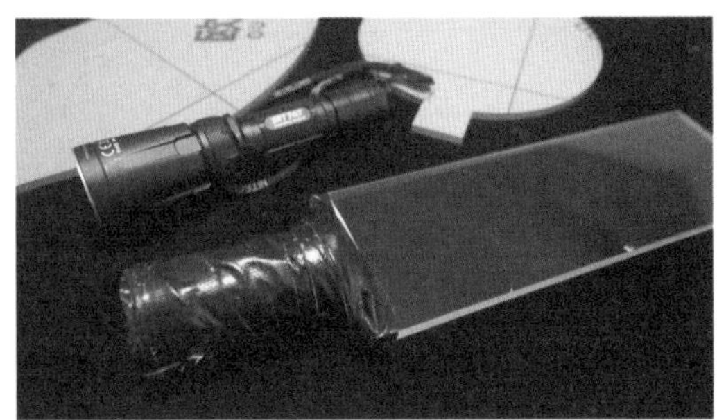

自制亚克力光源

拍摄时请记住，以肩膀为中心轴，分为9条线路进行绘画，以正中间的1条作为中心，两边分别画4条，这样可以确保球体的对称性。

时空穿越者

中国　北京 2017.9.25

努比亚 Z11

ISO10 0

光圈 F2.0

快门速度 1782.6s

光球甩不停

刚刚我们看到了利用手持光源就可以拍摄出立体光球。当然也会有人觉得这个太简单，而且可能在视觉上立体感不强。我在本节教给大家另外一个炫酷的玩法，就是通过绳子把光球甩出来，你没听错，立体的光球是通过道具甩出来的。刚刚我们利用平面的画球方式，利用视觉错位将光球体现出立体感，这次我们针对性地选择一些道具，拍摄出 3D 效果的光球 。

首先我们需要准备的道具如下图所示。Led 灯、奈特科尔强光手电、尼龙线、一枚硬币。

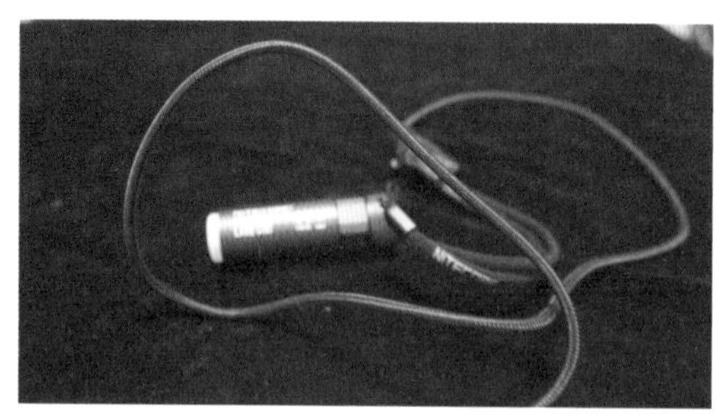

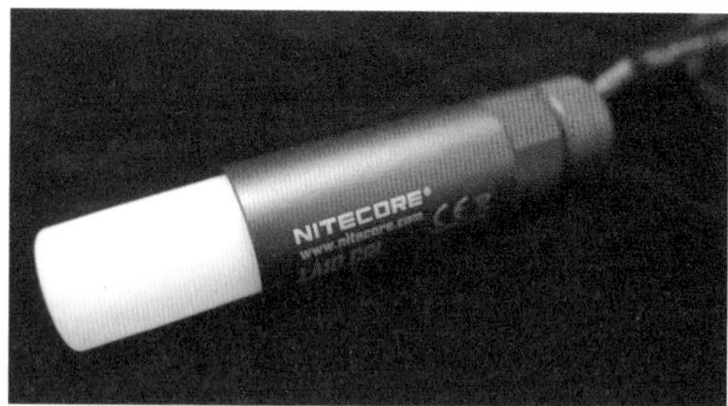

3D 光球拍摄道具

拍摄步骤

选择空旷的场地进行测试。我们先练习甩的技巧，不需要太多背景；练好后可以进一步加背景来操作。这几项我们都做好后，准备拍摄。

首先我们走向距离镜头前 3~5m 之间，将硬币放在地上，点亮灯并以手腕为轴心顺时针甩动光源，正面对着镜头开始拍摄。

眼睛看着硬币，每次甩过的光源都需要经过硬币，在甩动绳子的同时，顺时针沿着硬币走，这样操作过后，当自己转一圈回到正面的时候，一个圆球就出现了。

当围绕硬币走 360° 回到正对镜头的位置时，可以关闭快门。大家可以看到，一个比较完整的球体出现了，但有一些线条是斜着的，这是因为在甩线的时候，甩出线可能没有与地面保持垂直。初期不好操作，大家多练习自然可以找到感觉。

进一步来说明，如何将球体甩圆。首先需要无弹性的绳子，这样可以保持每一次甩动都是均匀的弧线，这也保证了圆球的统一线条，如果用有弹性的绳子会导致球体不均匀。其次是在地面放一个标记物，我比较喜欢的是硬币，确保每一次甩动的轨迹都经过硬币，这是让球体圆润的一种好方法。

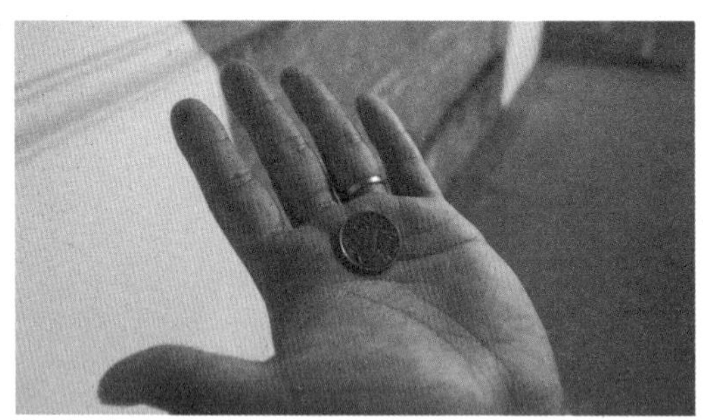

力学之美

还记得小时候我们玩的万花尺吗？通过笔尖在不同的小孔中，可以画出各种各样的图形，连自己都不知道会画出什么样的效果。而当我看到这种光绘的时候，第一想法就是很像万花尺的效果，这种拍摄方法并不是我们用类似万花尺的器材来拍摄，而是利用地球的引力和离心力来进行创作。接下来我来揭秘如何拍摄这种炫酷的作品。

首先我们需要准备的道具如图：

万花尺效果拍摄道具

我们可以选用比较小的拇指灯作为光源，或是用尼龙绳拴住的LED小手电，通过尼龙绳再垂直下来，如果需要颜色我们可以选择拇指灯，或者在奈特科尔强光手电上加一些塑料袋或者色卡。

重力光绘测试1

日本　神户2011.11.2

尼康D3000

ISO 100

光圈F22 .0

快门速度48.8s

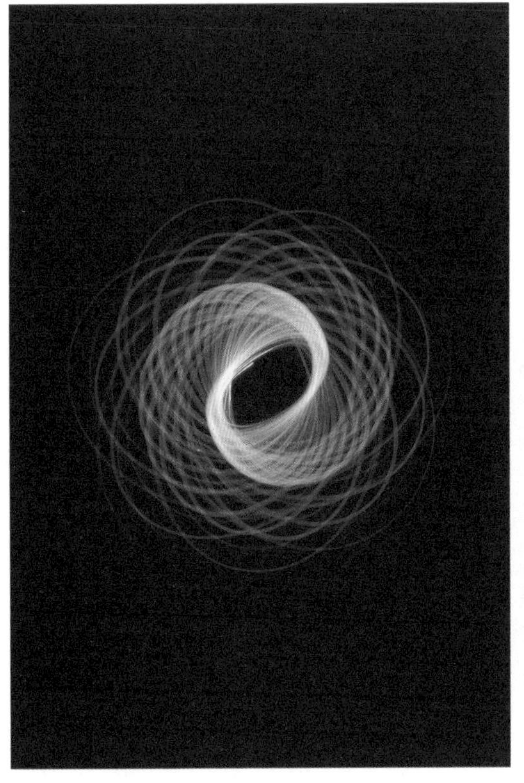

重力光绘测试2

日本　神户2011.11.2

尼康D3000

ISO 100

光圈F22 .0

快门速度33.8s

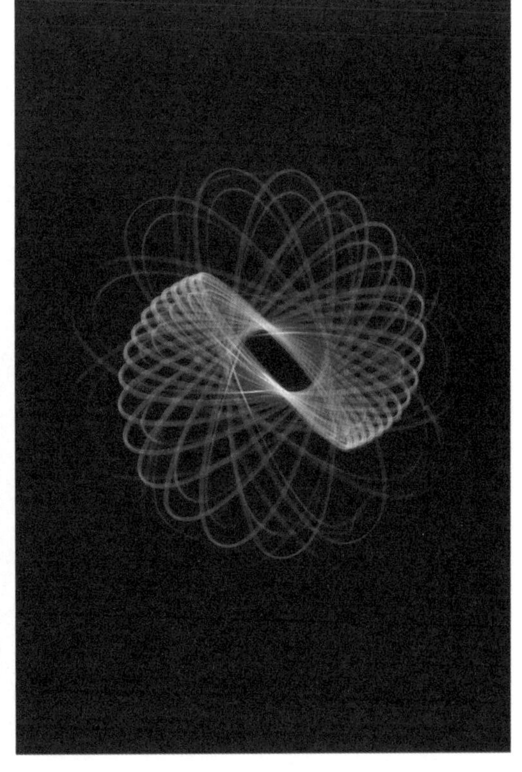

关于机位，我们需要架好三脚架，焦点锁定在从天花板固定后垂下来的灯上，关闭室内的灯光，设置好相机的参数，首先摆动绳子，让其自转，根据离心力、引力、光源角度的不同，进行自动摇摆，我们正是利用这样的力来进行光绘创作。

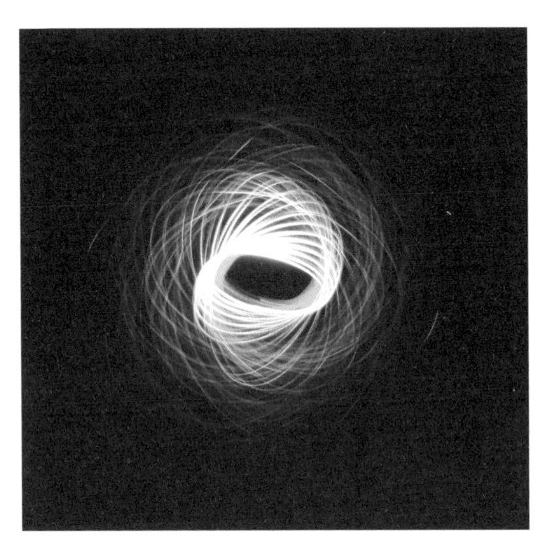

重力光绘测试 3

日本　神户 2011.10.27

尼康 D3000

ISO 100

光圈 F22.0

快门速度 54.5s

重力光绘测试 4

日本　神户 2011.10.27

尼康 D3000

ISO 100

光圈 F25.0

快门速度 37.1s

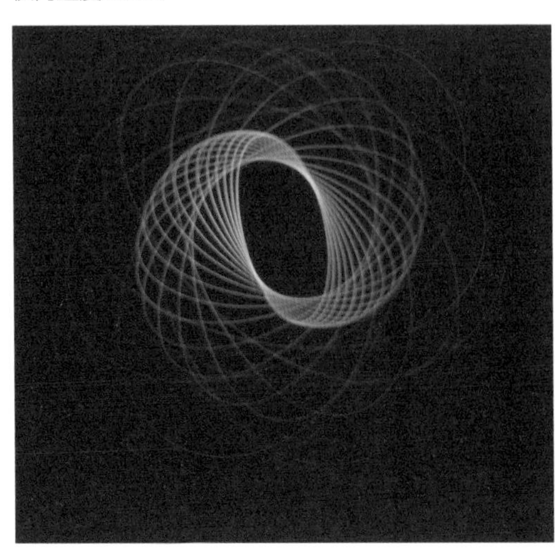

重力光绘测试 5

日本　神户 2011.10.27

尼康 D3000

ISO 100

光圈 F22.0

快门速度 42.8s

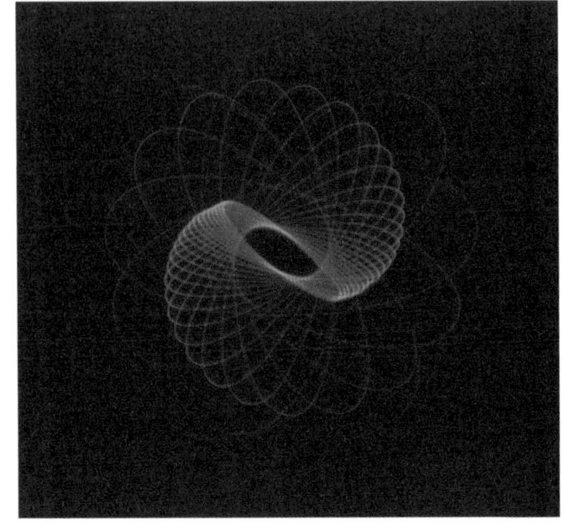

纸筒妙用

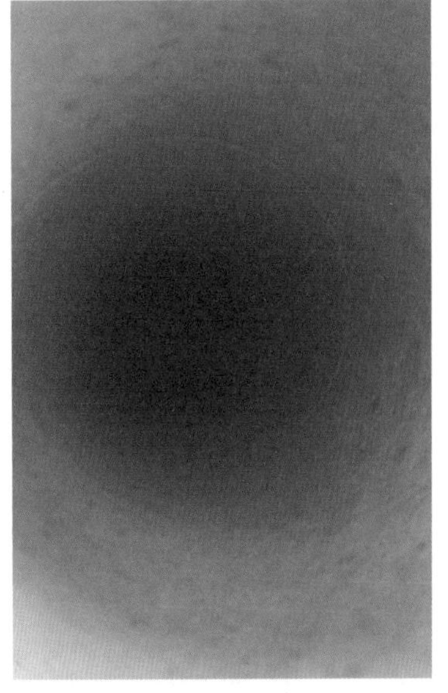

纸筒的妙用来自比利时光绘大师 Palatath 在自己的网站上分享的拍摄经验。2017 年冬天，西班牙光绘艺术家 Medina 来北京看我，我们一起在大栅栏联合创作了很多作品，其中一张特别有趣而又神秘的光绘作品，就是利用纸筒作为辅助工具拍摄出来的。

将纸筒放在镜头上，镜头通过纸筒拍摄，用光绘画出光球，随后将纸筒去掉曝光四周的背景即可实现图中效果。拍摄这类光绘的时候请注意，多用一些微弱光或仙女棒，会营造出非常奇幻的星球效果。

光绘小星球

中国　北京 2017.9.27

努比亚 Z11

ISO 100

光圈 F2.0

快门速度 368.3s

360° 光绘创作

“无不维”是2017年就开始一起合作过的一家非常有实力的电影公司，他们通过“子弹时间”的高超技术，创造了通过48台相机拍摄360° 图像的记录。经过和公司CEO郭松杰的沟通，我们结合光绘进行360° 的拍摄，达到了非常震撼的摄影效果。这个就不建议大家在家里尝试了，毕竟专业的事要由专业的人来做。如果有兴趣可以到工作室预约拍摄租借，有兴趣的朋友可以在微博上联系我。这是2017年我们一起参与Intel活动中的花絮照片，具体作品请在我的微博观看Gif动图。

拍摄效果图

搭建过程调试器材

布置现场

人像结合创作

很多朋友们在创作光绘的时候，想结合一下人像。如何在拍摄光绘的时候做到没有鬼影出现呢？如何在有模特的情况下让模特脸部清晰呢？这需要一些小技巧。接下来我会给大家介绍如何拍摄出比较好看的光绘人像。

就拿这张照片开场做补光讲解。首先我们可以看到，右侧的人物面部清晰，但左侧人物面部已经微虚，这正是光绘人像中需要的补光技巧。通常我们需要外置闪光灯来解决补光问题，按下快门后对人物先进行补光，然后摆好姿势并保持造型，最后在人物身后光绘即可。

中国武功

德国　柏林 2016.9.2　努比亚 Z11　ISO100
光圈 F2.0　快门速度 56s

人像光绘中可以多多尝试不同的光源，通常曝光在 30s 左右，这样被拍摄的模特也不至于保持动作时间太长或站得腿酸。正如这张作品，我的好兄弟 Mrat 站在镜头前，以最酷炫的造型，保持了大约 30s，用闪光灯 45° 斜角补光后面部清晰，随后我在他的身后利用亚克力片及 LED 光棒绘制了背景图案，结果一张炫酷的作品出现了。

酷

德国　柏林 2016.9.2　努比亚 Z11　ISO100
光圈 F2.0　快门速度 67s

天使

中国　广东　深圳 2017.6.25　　努比亚 Z11　　ISO100　　光圈 F2.0　　快门速度 56s

有时简单的造型配合单点光源，拍摄出的造型会很美丽。

炫

中国　北京 2017.9.18　　努比亚 Z11　　ISO100　　光圈 F2.0　　快门速度 48s

光绘人像中，光源也是比较重要的，结合每个人物的特点，选择背景图案，这种创意需要瞬间快速生成，通常光绘师会在 Photobooth 中快速完成创作，并结合每个人物的要求及特点拍摄不同的图片。

光绘定格动画

光绘定格动画就是让自己的照片动起来，创作时需要拍摄上百张照片才可以合成几十秒钟的定格动画。2018 年夏，接到腾讯游戏的邀请，我们拍摄了这部极具创意的光绘作品，短短 1min 的视频耗时两个晚上，拍摄近 800 张光绘图片。当我把如此高强度的拍摄项目和 LICHTFAKTOR 团队分享后，他们都会觉得我们比较疯狂。感谢团队成员能够一起完成如此高强度的拍摄任务，拍摄方式我也会在以后的高级创作手法中和大家分享。

扫码看视频

团队：王思博　姚灿义　郭松杰　Medina（西班牙光绘师）

复仇焰魂

中国　江苏　南京 2018.9.20　尼康 D5000　ISO100　光圈 F4.5　快门速度 30s

无极剑圣

中国　江苏　南京 2018.9.20　　尼康 D5000　　ISO100　　光圈 F4.5　　快门速度 30s

追梦

中国　江苏　南京 2018.9.20　　尼康 D5000　　ISO100　　光圈 F4.5　　快门速度 30s

火凤凰

中国　江苏　南京 2018.9.20　　尼康 D5000　　ISO100　　光圈 F4.5　　快门速度 30s

以上介绍了很多创意的拍摄手法，当然这只是冰山一角。获取更多的拍摄方法和经验，可以关注我的个人微博。我期待与大家的互动。

疯狂的
大型光绘创作

01 内蒙古赤峰沙漠光绘

2017 年 7 月，在中青旅联科、内蒙古玉龙沙湖旅游度假区和花椒直播的大力支持下，我受邀来到玉龙沙湖景区，经过长时间筹划，决定在这片沙海上创造一幅巨型光绘。

玉龙沙湖旅游度假区位于内蒙古赤峰市翁牛特旗乌丹镇境内，地貌奇特，集沙漠、沙地、古松、怪石、奇峰、湿地、草原、湖泊于一身。5 万亩草原与茫茫无边的科尔沁沙地相连，沙地中有一眼清泉，在沙漠中积水成湖，湖泊面积达 1.4 万亩，湖中又有十多座沙岛，形成沙中有湖、湖中有岛、岛上有草、草中有鸟的奇特沙湖景观。正是在景区的支持下，我才能够在这里实现巨大光绘创作的想法，完成这幅蒙古骏马图。

这张光绘创作对于我来说有着重大意义。在参与奥维耶多、江西龙虎山以及美国和罗马的大型创作后，我第一次指导策划并完成这样的挑战。也正是通过不断地和国外高手们合作，提高了拍摄光绘的水平。同样令人印象深刻的，这也是我在沙地上第一次挑战大型光绘。

难以想象的沙漠光绘挑战

首先，当我在 25m 高的小山坡上架好机位准备定位的时候，却发现原本想到的定位方式都无法在玉龙沙湖完成。如果采用石子或者胶带，根本就无法定位，而且黑天的话我们很难看到具体的标志。我想到了通过竹竿加上线绳的方式来进行定位。其次，昼夜温差大，团队成员们意志超强，完成了这次挑战。再次，队内无光绘基础的人员居多，在光绘创作前，我们进行了两个小时的光绘创作学习，在大家的努力配合下，我们才顺利完成挑战。

定位时拍摄的照片

最终大图

中国　内蒙古　赤峰　奥林巴斯 EM5 Mark II　ISO100　光圈 F22.0　快门速度 246.5s

创意领队：王思博

骏马手绘：刘东旭

摄影拍摄：张珺楠　马　超

参与人员：李小龙　唐国杰　马　昌　孙广清　于明华

焦晓伟　孙智威　张思远　李君杰　杨艳枝

刘依钊　王子钰　赵　倩　巴德玛

经过半天的定位及拍摄测试，我们最终完成了这幅作品。再次感谢所有参与的朋友们，没有大家的付出，我无法成功挑战最大沙漠光绘。

02 奥维耶多百人光绘

我的光绘技巧也是通过与很多世界光绘联盟中的高手切磋学习后才掌握的。得益于这样的交流，我创造出独具特色的光绘手法。大型创作也是我一直向往的，这样的创作可以更好地和大家融合并碰撞出更多的创意火花。

说到巨幅作品创作，就不得不提到 2016 年西班牙奥维耶多世界光绘展。奥维耶多是西班牙北部阿斯图里亚斯自治区的首府，这座古老的城市非常美丽，古城区的建筑让人看了就有创作的冲动，我把这种城市称为激发创作之城。

关于奥维耶多的大型光绘，我只能说这是我见到过最震撼的创作，没有之一。

以前因为工作原因，常去巴塞罗那，但奥维耶多给我的感觉更有趣，它的建筑风格更多是哥特式并非西班牙传统建筑风格。正是由于这里的场景有点特别，再加上云集了好多光绘达人，这里也被称为光绘者的天堂。我的好朋友 Frod 经常组织一些大型的光绘创作，正是因为他的不断努力，将自己的光绘团队 CHILDREN OF DARKLIGHT 发展壮大，才让奥维耶多这座城市因为有了光绘而变得与众不同。在世界光绘展期间，白天众多的光绘讲座让我学习到了很多最新的创作手法和光绘知识。晚上我会带上光绘道具，在城市中穿梭创作，没想到在活动之后，我上交的这些作品，被选为这次大赛的特等奖。

2016 年 7 月，第二届奥维耶多世界光绘展在奥维耶多艺术中心举行，此次盛会邀请了多家媒体和来自超过 20 个国家和地区的光绘大师。还记得当时世界光绘联盟主席 Sergey Churkin 用各种语言向来到奥维耶多的嘉宾问好。当他用准确的发音说道“你好 to China”，我站起身向大家问好并向 Sergey 示意，这感觉美妙极了。全世界的光绘师为了一个目的来到这里，因为大家都爱光绘。

开幕式于当晚 8 点开始，我们在奥维耶多大教堂前，进行了大型的光绘创作。40 多位艺术家分工明确，组织者一声令下，我们一起通过不同光源绘制图形，并通过相机把光轨记录下来。这样的大型创作区别于个人创作，需要团队的配合最终达到效果。而当时令我震撼的不仅仅是 40 位光绘师集体创作，而是上千名奥维耶多群众，在 Facebook 上得到通知并在规定时间点集合，每个人拿着小的拇指灯，根据自己的路线和我们一起创作，如果你们看直播的话，一定会被震撼到。我也将奥维耶多定位成光绘天堂，在这里我的快乐是成倍数增长的。

这次大型创作，由 CHILDREN OF DARKLIGHT 团队策划，这归功于团队中的各方面人才。

团队中的 Sfhir 是一位大型涂鸦艺术家，在建筑上、地面上、巨大墙体上创作是他的优势，并且他熟练掌握复杂的定位方法，所以负责定位和图形设计。随后还有像 Edu 和 Medina 这样的艺术家帮忙操刀道具创意制作。当我第一次遇见 Medina 的时候，我被吓了一跳，他走到我身边用流利的中文问道："你是 Roy Wang 先生吗？我是 Medina，很高兴认识你！"我以为自己出现幻听了，在这个很少能看到中国人的城市里，竟然有一位外国朋友中文讲得这么棒。在奥维耶多的那些天，多亏有他帮忙，我才能吃到地道的中餐和了解更多的光绘知识。Medina 曾在杭州读大学，然后幸福地和中国女孩 Ami 相识相恋并最终结为夫妻。一开始我真的没法想象光绘也可以让我交到那么多有趣的朋友，而且我们都非常要好，经常讨论创作，还有就是找各种机会来进行集体创作。就是这样一群大男孩，永远都不会停止创意的构思，经常因为一个念头就拿起相机和光绘道具跑去黑暗的地方进行创作。

这座古城给我留下了深刻的印象，并且无处不激发我的创作热情。奥维耶多历史悠久，建立于 8 世纪下半叶，位于西班牙北部阿斯图里亚斯自治区内，风景秀丽，气候宜人，如同中国的杭州。这里曾是阿斯图里亚斯王国的首都，古街区中也有很多文化古迹，素有天堂之都的美誉。看惯了老北京的胡同，这里的场景对我有很强的吸引力，每天晚上都是三步两步停一下，拿着单反不停拍摄。在奥维耶多古城里拍摄了很多满意的作品，最后回国的时候还选了几张片子参加奥维耶多国际光绘摄影大赛。两个月后我接到了奥维耶多光绘展的官方邮件，得知自己在奥维耶多拍摄的作品获得了大赛特等奖。

我很享受在旅行中创作的感觉，往往会在晚上散步的时候带上拍摄器材，遇到喜欢的场景就会用光绘进行创作。这样的创作更随性、更自由，也更具挑战性。

特等奖《奥维耶多之花》

西班牙 奥维耶多 2016.7.18 努比亚 Z11 ISO100 光圈 F2.0 快门速度 93s

无题 1

西班牙　奥维耶多 2016.7.18　　努比亚 Z11　　ISO100　　光圈 F2.0　　快门速度 1129.3s

无题 2

西班牙　奥维耶多 2016.7.18　　努比亚 Z11　　ISO100　　光圈 F2.0　　快门速度 197.7s

奥维耶多市集

西班牙　奥维耶多 2016.7.18

努比亚 Z11

ISO100

光圈 F2 .0

快门速度 102.1s

由于大型创作涉及很多个人版权的问题，所以作为参与者，我只能简单地做一些介绍，如果对细节感兴趣的话，可以登录 LPWA（世界光绘联盟）官网观看更多报道。

我在现场抓拍的照片，最终作品大家可以通过 LPWA（世界光绘联盟）官网观看

夜游正一观

中国　江西　龙虎山 2016.3.20

尼康 D3000

光圈 F6.3

快门速度 258.3s

江西龙虎山，这个名字我是从 2016 年开始知道的。一次偶然的机会，新浪江西的工作人员联系到我，希望我能够前往龙虎山创作一组具有当地特色及包含中国元素的光绘作品。于是 2016 年春天，我开始了龙虎山光绘创作之旅。龙虎山是一座 5A 级景区，有山有水并且还是道教发源地，这里的人文建筑和自然景观是一个让你看到了就想创作光绘的地方。我用了两个夜晚，在细雨中穿梭于各个景点拍摄创作，得到了令人意外的效果。新浪江西将我的作品发布到网上后，央视、人民日报等多家知名媒体转发报道，龙虎山微信公众号关于我光绘作品的推文阅读量也轻松突破 10 万 +，随后和龙虎山领导及新浪江西的负责人坐下来进行了深度探讨，觉得是时候将更多的光绘创作带入中国了。2016 年 10 月，筹备近三个月的龙虎山国际光绘展正式开幕，为期三天的展览带来丰富的活动内容，让大家在创作中充满了乐趣和惊喜。

回廊之花

中国　江西　龙虎山 2016.3.20　　尼康 D3000　　光圈 F6.3　　快门速度 220.7s

我还清晰记得当时和新浪江西的负责人沟通时，他们传达了龙虎山管理部门的想法，他们想通过光绘打造更适合年轻人口味的盛事，于是我推荐了LPWA（世界光绘联盟）。只有这样的专业联盟才可以实现这一想法，也正是因为LPWA（世界光绘联盟），我们打造出了这一次大型创作。根据龙虎山管理部门提出的一些要求，我和LPWA（世界光绘联盟）主席Sergey Churkin沟通后，向全球发起召集令。

闪烁

中国　江西　龙虎山 2016.3.20　　尼康 D3000　　光圈 F6.3　　快门速度 305.6s

首先龙虎山管理部门希望在游客中心展示 100 幅光绘作品，让更多的国人看到震撼的光绘作品。其次希望在龙虎山留下精彩的大型创作，这种大型创作不是一个人能完成的作品，而是像我们在奥维耶多创作的那种大型光绘，关于这样的创作专家我第一时间想到了 CHILDREN OF DARKLIGHT 团队的 Frodo，他们有能力设计并实现这些创意。德国老牌光绘创意团队 Lichtfaktor，他们在光绘动画方面一直是领先者，所以我请他们过来，是希望一起创作光绘短片。还有一些优秀的光绘师也加入了我们的团队，如美国的 Darren Pearson，法国的 Mass 和 Diliz，还有大型涂鸦艺术家 Sfhir，大家共同设计本次创作，世界光绘联盟主席 Sergey Churkin 也应邀来助阵本次活动。可想而知，这样的团队会创造出怎样的光绘作品。出发的时候我们就充满了期待。

在出发之前，我们经过交流和沟通，邀请 Sfhir 结合当地特色设计大型光绘效果图。因为我提前拍摄过龙虎山，所以提供了一些创作照片给他们。在介绍龙虎山后，大家建议应该在作品中更多体现龙和虎的元素。于是 Sfhir 设计了下面这幅图，并在拍摄前与我们在现场结合实景做了比例测试。

龙虎山之夜

中国　江西　龙虎山 2016.3.20　　尼康 D3000　　光圈 F14.0　　快门速度 254.5s

当我们抵达龙虎山的时候，天公不作美，持续不断的阴雨天气，给我们的创作带来了很大的困难。首先是原计划大型光绘创作的定位成了问题，通常我们可以用粉笔在地面上做一些标记，但由于雨天无法用粉笔留下标记，只能用一些石子和线来围出一些线条。由于时间关系，我们只好选择了利用投影直接投射巨幅龙虎设计，并配合个人光绘创作，最终完成了本次大型作品。

梦龙

中国　江西　龙虎山 2016.10.30　　尼康 D3000　　光圈 F7.1　　快门速度 365.9s

光绘龙虎山

经过两个夜晚集体创作，留下这支精彩的视频，由国际知名光绘团队 LICHTFAKTOR 策划拍摄的光绘定格动画。

扫码看视频

04 龙舞北京——吉尼斯世界纪录

扫码看视频

2018 年 8 月 1 日夜晚，北京 apm 购物中心广场，王府井步行街前，被一条东方巨龙点亮！ 11 位摄影师齐心协力，共同创造了吉尼斯最大光绘图案创作的纪录。

本次创意源自 2017 年内蒙古玉龙沙湖创作的骏马图，当时在插画师刘东旭的协助下，我们完成了作品。因为种种原因没能申请成功吉尼斯世界纪录。而在 2018 年 8 月 1 日，我们终于能够申请吉尼斯挑战，并在

龙舞北京

中国　北京 2018.8.2　奥林巴斯 EM5 Mark II　　ISO100　光圈 F22.0

Live-Comp 模式　快门速度 2s　叠加拍摄 10min

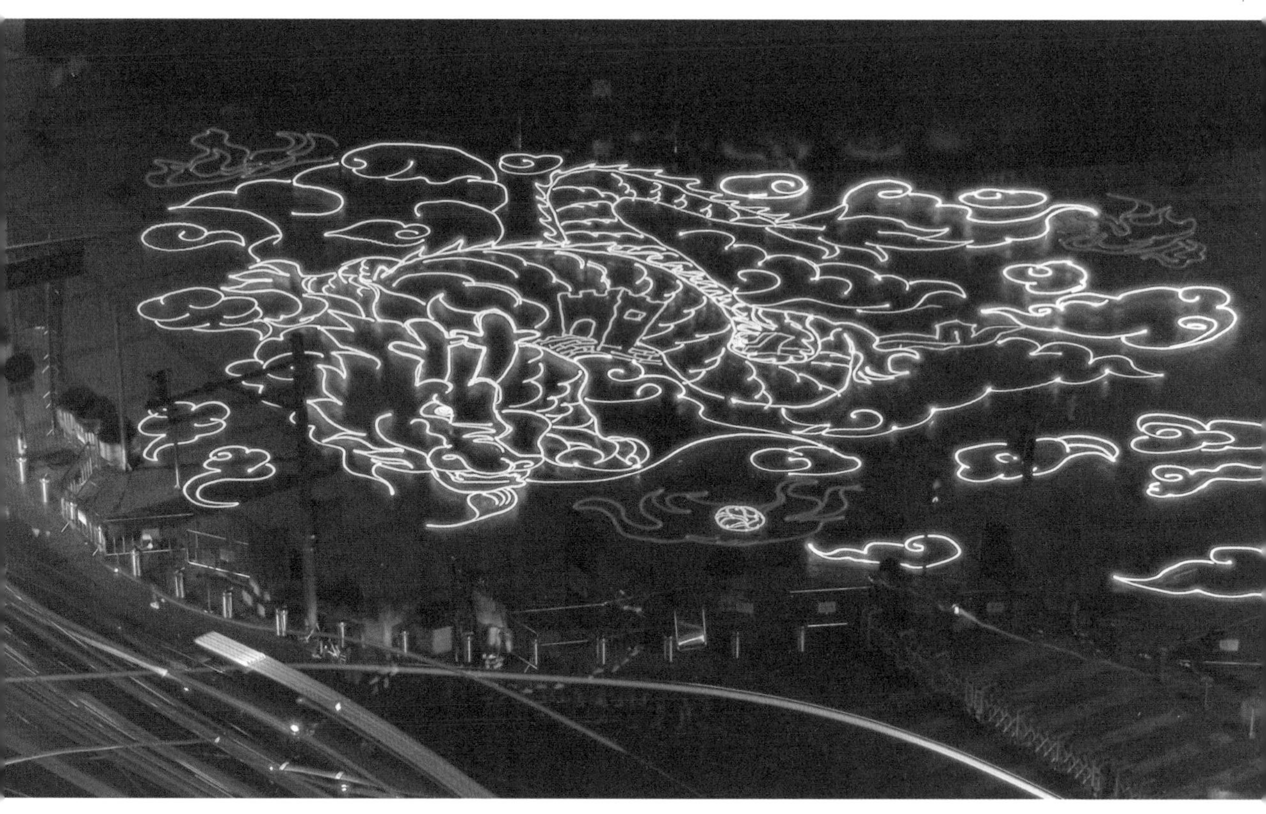

规定的时间、范围、规则下创造了新的世界纪录。非常感谢王府井建管办及各部门对本次挑战的大力支持！

正是大家的努力，我们又为北京创造了一个世界纪录。当天在王府井步行街北广场的位置，人流大到无法想象，创作场地被围栏封住，只有凭施工证才能进入，我们近一天的筹备加创作怕影响大众引起围观拥堵，所以我们经过相关检修单位同意，在地面上做标记的时候，当市民询问我们在做什么，我们统一着装并佩戴安全帽回答道："我们在做道路检修，这几块砖老化了，稍后会进行翻修。"

《龙舞北京》创作背后的故事

2018 年 6 月，LPWA（世界光绘联盟）主席 Sergey Churkin 兴奋地告诉我，世界光绘联盟计划在北京举行一次特展，而该项目由来自香港的 Plastrons 活动公司负责，公司负责人是

结合场景确认最终手稿

Chris Luk。这次准备在北京 apm 购物中心做大型展览，由我来负责 LPWA 在北京活动的对接工作，包括展览内容、形式、创意等一系列策划。当 Chris LUK 来到北京时，我们第一次沟通便碰撞出挑战吉尼斯大型光绘的想法，尽管当时只是灵光乍现的想法，两人却深深地记在了心中，然后通过两个多月的沟通和协调，在王府井创作大型光绘得以实现。

随着光绘创作的日期越来越近，只有不到一个月的准备时间，包括设计及拍摄方法都还需要多次确认。我们不断地探讨成片的形式和形态，以及如何在王府井创作艺术作品来表达我对从小就向往的地方的喜爱。谁会想到在我儿时最喜欢的王府井大街上，我和团队能够用如此震撼的作品点亮京城。而正是心中的这份自豪感，让作品设计得与众不同，充满中国风。一条中国巨龙飞舞在王府井大街，这个创意让我和东旭一拍即合，他很快根据创意手绘出了龙舞北京的雏形。至今我都非常感谢 apm 购物中心对中国文化的大力支持，在王府井用光绘创造我们追求的东西，这对光绘艺术来说是最难能可贵的支持。

蒋磊磊正在辛勤地工作，李剑正在记录磊磊的劳动过程

定位进行时，过往的人们都在问为什么拦起来，而我最多的回答就是：“这块砖有问题，晚上我们敲掉，换！”

楼顶机位最终确认阶段

挑战

2018 年 7 月，在北京 apm 购物中心领导蔡志强总经理地协助下，我们登上淘汇大厦 10 层选定机位及最终绘图定点观察之后，东旭结合现有场景进行了手绘设计，经过近一个月的调整、定位、改动，我们确认了这幅《龙舞北京》最终稿。在大热天参与定点观察的两位摄影师朋友李剑和薛宇哲同样至关重要。

在北京 apm 购物中心的帮助下，我们申请了吉尼斯世界纪录，并计划 2018 年 8 月 1 日晚发起挑战。原纪录是 2017 年 11 月在新疆以 286.65m^2 创造了当时世界上最大的光绘图案。这次我们的目标是 400m^2。可能很多朋友会有疑问，挑战 400m^2 的目标怎么最后变成了 670 多 m^2？ 我简单解释一下。因为机位所在楼层比较高，拍摄角度不同，我们需要保证画面的比例，所以要一直进行“微调”，到了最后测量的时候成了 670.23m^2。这也难怪我们定位的时候费了好大劲，原计划 4 个小时就可以完成的定位工作，又多花费了将近 3 小时才完成，室外 38 度的高温为团

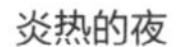
炎热的夜

作画

围观观众 1

围观观众 2

队成员的创作带来了极大的挑战。

为什么我如此兴奋地把这次大型创作放在最后的章节，因为这是第一次全部国内光绘师集体创作的作品，包括前期准备、设计、定位、以及拍摄等等环节，全部是北京的摄影师们共同努力的结果。我参与过很多大型光绘创作，但这次在创作之前我心里没有底，因为包括在西班牙、美国、罗马的创作中，创作者都是来自世界各地非常有经验的光绘师，我们有充足的准备时间，一般都会提前两天做定位准备，并至少留下一天来进行彩排。然而因为此次活动的地点不能影响交通、安全、市民生活等因素，我们定位和创作的时间只有短短的 18 小时，上午定位、晚上彩排，这样一气呵成的创作过程在大型光绘创作中是一个奇迹，毕竟我们不是在空旷的场地，没有时间限制、没有灯光干扰、没有其他因素的影响。我非常感谢全体成员能够顶住压力，在几乎不可能完成的条件下挑战成功。

《龙舞北京》光绘团队

总策划及挑战者：王思博

总设计师：刘东旭

专业摄影师及见证人：薛宇哲

专业媒体见证人：杨卫丹

创作负责人：李剑

描绘组：王思博　李　剑　刘　铮　曾天衡　姜鸿文　张力斌
李志松　张开宇　杨　军　崔　柳　郭松杰

定位组：吴　爽　柴人元　蒋磊磊

视讯组：孟　梦　武　辉　崔思琦　李博雅　邢　弢　刘灿义　李　斌

现场支持：蔡志强　王　刚　张淑梅　李　冰　王嘉冰煜
王宇鹏　蔡博方　马成昆　杨　狄　马　超
季　胜　陆俊豪　关曼茵　姚灿义　李　斌

吉尼斯世界纪录验证官：杨绍鹏

吉尼斯世界纪录亚太地区总负责人：袁子峻

最终机位拍摄的照片

挑战成功